凌空之志 共赴星辰 火星探测 再迎挑战

火星请回答

郝景芳 著

FLY TO THE MARS

"雨果奖"得主郝景芳写给孩子的
太空探险 科普解谜书

王大伟 许捷 绘

电子工业出版社
Publishing House of Electronics Industry
北京·BEIJING

目录

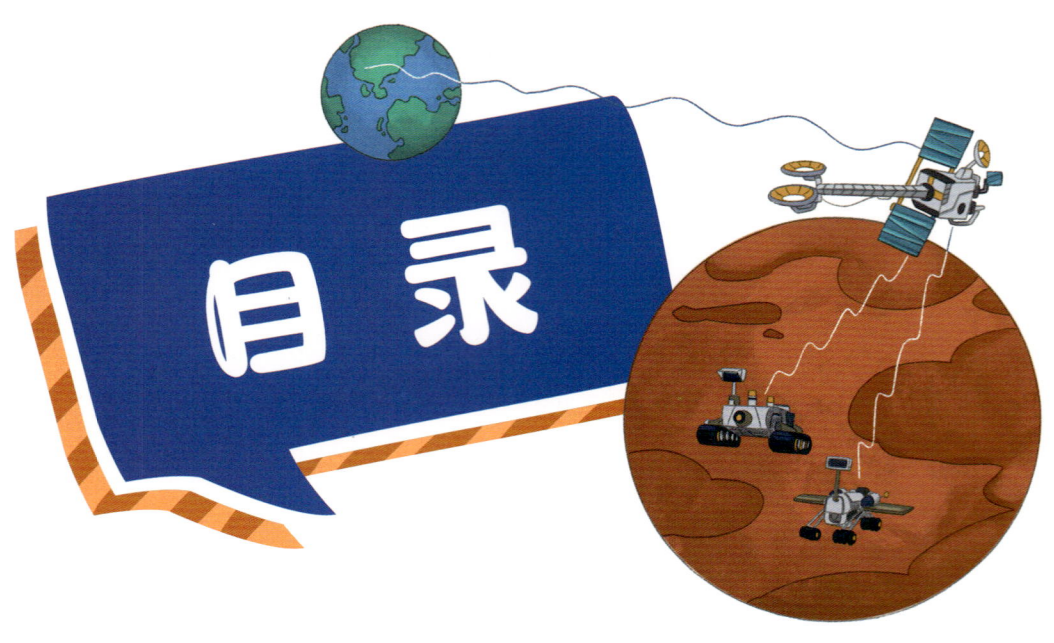

第一章

古人眼中的火星与行星 6

新行星的发现 8

现代行星的定义 10

行星与行星大不同 12

第二章

望远镜中的火星 16

苏联的早期尝试 18

美国的探测之路 20

中国的探索计划 22

第三章

宇宙速度 26

火箭的选择 28

霍曼转移轨道 30

选择发射时间 32

第四章

空间天气 36

太空通信 38

紧张地靠近火星 40

安全着陆 42

第五章

火星的地形地貌　46

火星的水文环境　48

火星的地质特征　50

火星的内部　52

第六章

火星的大气组成　56

火星的气候条件　58

火星的沙尘暴　60

火星的极光　62

第七章

火星生命与火星人　66

火星的宜居性　68

火星基地建在哪？　70

火星基地开工　72

第八章

太阳系的起源与演化　76

太阳系的子民　78

太阳系的边界　80

广袤无垠的宇宙　82

第九章

地心说的诞生　86

早期的宇宙观　88

日心说　90

真实的行星运动法则　92

第十章

如何观测行星？　96

内行星的观测　98

外行星的观测　100

火星的观测　102

第一章

上一次跟小葡萄和小栗子在月球上的冒险经历，就像一场梦，停留在记忆里，异常鲜活，但时间越久越让人怀疑其真实性。

凌小步的生活，就在日常的学习、生活，以及银河学院的时空冒险中度过。银河学院是一所太空中的神奇学院，不不每次都乘坐时空泡泡，跨越高维时空隧道来到银河学院，再从这里出发去拜访历史上的大人物，收集智慧能量，保护地球。凌小步觉得很不可思议，自己竟然能做保护地球这样的大事。

他每次去银河学院，不管经历了怎样的冒险，从时空隧道回到家的时候，都只经过了一分钟。因此，这是一个连爸爸妈妈都不知道的小秘密！

转眼到了除夕，妈妈在厨房做年夜饭，不不在房间里看书，刚好看到紧张的情节，妈妈在厨房喊道："凌小步，快来帮妈妈包饺子啦！"

不不应着："来了！来了！"人却没有动。

正当妈妈催促了两遍有些烦躁时，不不的房间里又一次响起了熟悉的窸窸窣窣声，接着，房间里有蓝色光圈闪现，宛如漩涡从水中出现。几秒钟后，两个熟悉的小脑袋瓜一齐挤了出来。

"不不！快走，快走啦！"小葡萄叫道。

"葡萄，栗子，是你们啊！"不不说，"但我的能量手环还没积攒够呢。"

"今天不是去学院，"小葡萄招手说，"你先来，我们路上给你解释。"

"今天可不行啊，"不不摆手道，"我妈妈叫我包饺子呢，她马上就来啦！"

"不碍事，你就放心吧！"小栗子从蓝色光圈里跳出来，伸手去拉不不。

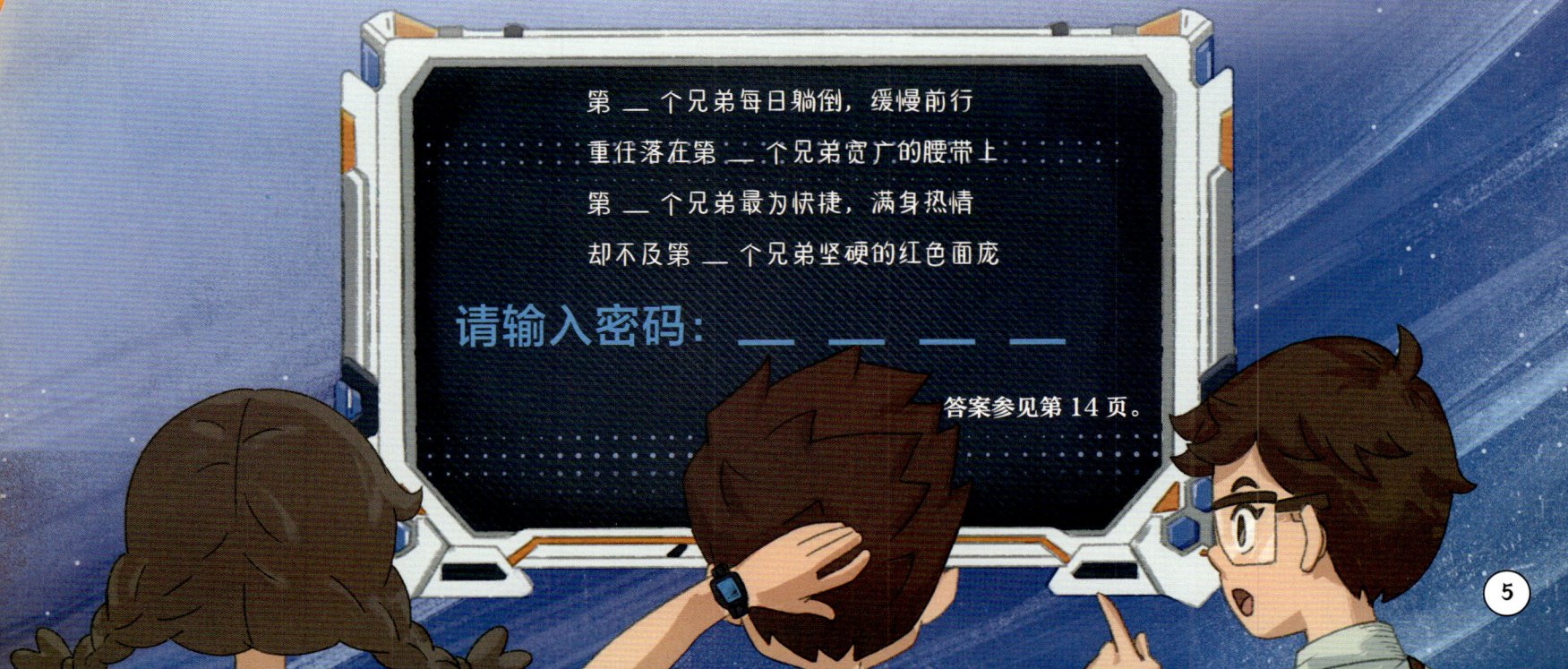

不不还在推拒，门外妈妈催促的声音又响起来。但是小葡萄和小栗子不给他犹豫的时间，一个拉，一个推，下一秒，不不就一屁股跌坐在了飞船内部，蓝色光圈在他背后缓缓合拢。

"你们……这又是要去哪儿啊？"不不坐在飞船内部，仍然一脸蒙。

小葡萄和小栗子异口同声地回答："火星！"

"去火星做什么？"不不讶异道。

小栗子说："地球的火星车丢了，事情很严重。"

小葡萄着急道："唉，来不及了，待会儿再详细跟你说。你先帮我们解开零一的密码。你是最会解密码的人！你看看这里，需要根据这几个行星条件猜出数字，我和小栗子试过，但都没猜出来。"

不不低头看去，只见闪光号的控制屏幕上有这样几行字：

第 __ 个兄弟每日躺倒，缓慢前行

重任落在第 __ 个兄弟宽广的腰带上

第 __ 个兄弟最为快捷，满身热情

却不及第 __ 个兄弟坚硬的红色面庞

请输入密码：__ __ __ __

答案参见第14页。

古人眼中的火星与行星

"会行走"的星星

古代，人们在仰望天空之时，发现夜空中的星星按照移动状态大致可以分为两类。一类星星，它们之间的相对位置在很长的时间里基本不会发生变化，仿佛镶嵌在屋顶的宝石，人们称之为恒星，有着永恒不变的含义。另一类星星，在天空中与其他星星的相对位置则在不停变化，在夜空中穿行的规律变化莫测，人们称之为行星。

在没有望远镜的漫长岁月里，人们主要靠肉眼观测日月星辰。他们从满天星辰中挑出了七颗"会行走"的星星，分别是太阳、月亮、金星、木星、水星、火星和土星，它们在中国古代又被称为七曜，曜在古代是日月星辰的一种代称。还有学者认为，我们常听说的阴阳五行的概念其实起源于天文观测，阴代表月亮，阳代表太阳，五行分别是金木水火土五颗行星。

从地球上看，这五颗行星在天空中的运动规律相对于其他星星而言较为复杂，而火星的运动规律在古代人看来尤为令人摸不着头脑，非常特别。

到处乱走的荧惑

在古代人看来,火星不仅在夜空中不停行走,还到处乱走,并且亮度变化很大,令人迷惑。此外,火星的光芒微微泛红,闪烁的样子荧荧如火,因此在中国古代,火星又被称为"荧惑"。

不过,经过长时间的观测与记录,古代天文学家也总结出了一些火星运动的规律。他们发现,火星每隔一段时间在夜空中会出现逆行的现象。逆行是什么?为什么会引起天文学家的注意呢?这是因为通常情况下,行星相对于恒星而言会进行自西向东的运动,被称为顺行,逆行则与顺行的方向相反,是自东向西的,比较少见。

但是火星为什么会逆行,古人却没能琢磨明白。有一些古代学者将火星逆行的这种特殊现象与王朝的吉凶联系到一起,为火星又蒙上了一层神秘可怖的色彩。

荧惑守心与帝王兴衰

除了火星,古人发现夜空中还有一颗星星与火星一样有着泛红的光芒,那就是天蝎座的心宿二,在古代又被称为大火星。当火星在大火星旁发生"留"(火星由顺行转为逆行或逆行转为顺行)的天象时,这两颗微微泛红的天体在空中交相呼应,古代的天文学家把这种现象称为"荧惑守心"。

人们把"荧惑守心"这种天象与王朝在未来可能会发生的战乱、瘟疫,乃至帝国的兴衰等可怕的事情关联了起来,"荧惑守心"在古代被认为是最险恶的天象之一,有大凶之兆的含义。三国时期就有"荧惑守心"的天文现象记录,同年,魏王曹丕逝世。

在现在看来,古代天文学家用天象预测未来的想法缺乏科学依据,不足为信。但我们可以从侧面看到,从古代开始,人们就非常重视日月星辰的观测工作,留下了很多宝贵的记录。随着科技的发展,我们也逐渐对火星的运动有了更加科学的认识。

新行星的发现

恒星、彗星还是行星?

1608 年,望远镜被发明出来后,人们看得越来越远,也有了更多发现。

由于天王星距离太阳过于遥远,在小望远镜里很难呈现出火星、木星那样的圆面,因此天王星在被证实是行星之前,虽然也有过很多观测记录,但基本都被当作恒星看待。1781 年,英国天文学家威廉·赫歇尔在自家庭院中观察到了天王星,并在观测报告中将这颗行星称为彗星。之后赫歇尔用他自己设计的望远镜对天王星做了一系列连续观察。他通过测算发现,这个天体在一个接近圆形的轨道上移动,这与彗星一般在很扁的椭圆轨道上移动的事实不符,而且这个天体也缺乏彗星常见的特征——彗发与彗尾。他再三思索,感觉这个天体更像一颗行星。

两年后,法国科学家拉普拉斯证实了赫歇尔观测到的这个天体就是一颗行星,威廉·赫歇尔也因此被授予英国皇家学会的最高荣誉——科普利奖章。自此,科学家仿佛打开了行星世界的又一大门,开始了寻找新行星的旅程。

$GM = gR \cdot R$

海王星的发现

由于未被发现的行星距离太阳过于遥远，光芒暗淡，因此通过光学观测的方法发现新行星无疑有很大局限性。那就真没办法了吗？显然不是。

1821 年，法国的亚历斯·布瓦出版了《天王星星表》，其中公布了通过计算得出的天王星的运行轨道表，但这个计算出的轨道和观测出的位置却有很大偏差。布瓦认为这是由于天王星周围存在一个质量比较大的天体。1844 年，约翰·亚当斯计算出了会影响天王星运动的第八颗行星的轨道，并将结果送交到了当时英国格林尼治天文台的台长艾里手中。不过可惜的是，两人之间的书信往来都比较拖沓，所以新行星的探索一直没有实质性的进展。1846 年，法国工艺学院的天文学教师勒维耶也独立完成了海王星位置的推算，并且说服了柏林天文台的格弗里恩·伽勒去搜寻这颗新行星。最后，海王星成功被他们发现。当时，海王星被观测到的实际位置与勒维耶预测的位置相距很小，但与亚当斯预测的位置相差较远，因此大家普遍认可是勒维耶发现了海王星。

最小的兄弟：冥王星

1894 年，富有的波士顿商人洛厄尔创立了洛厄尔天文台。1906 年，洛厄尔开始搜索可能存在的第九大行星。但直到他逝世，洛厄尔也没能获得任何相关成果。1930 年，接下洛厄尔接力棒的美国人汤博在经历近一年的搜索后，在拍摄的照片中发现了一个好像在移动的天体。经过天文台进一步拍摄验证照片后，汤博对外发表了这颗被命名为冥王星的第九颗行星，这个消息在全世界引起了巨大的轰动。但随着观测技术的发展，天文学家在冥王星的附近发现了越来越多类似的天体，它们都是行星吗？行星究竟应该如何定义呢？

现代行星的定义

不断变化的行星定义

随着人们对宇宙认识的加深，行星的定义也一直在发生变化。起初，人们通过观测夜空，找到在背景恒星上不断穿行的亮星，称之为行星。之后，当哥白尼的日心说被认可时，人们将围绕太阳公转的天体称为行星。那么，当望远镜出现，观测技术飞速发展的时代到来，行星的定义又会发生什么样的变化呢？

行星的地位之争

20世纪末，人类陆续发现了许多柯伊伯带内的小天体，其中不乏与冥王星大小相当者，这使得可以被称作行星的天体可能要从原先的9颗增加到几十颗。

再之后，天文学家又在太阳系外发现了行星，且陆续发现的太阳系外行星高达数百颗之多。这些新发现的行星大小不一，性质迥异，数量非常多，天文学家们意识到，是时候给行星下一个更加准确的定义了。

2005年，一颗位于柯伊伯带内的名为阋神星的天体被发现，它的质量居然比冥王星还要大，天文学家对阋神星是否能列入行星争论不止。

为此，不少天文学家呼吁，应该召开一个国际性的天文研讨会，对有争议的行星候选做出进一步的分类。

阋神星　冥王星　鸟神星　妊神星

塞德娜星　2007 ORIO　创神星

亡神星

明确行星的定义

2006年，国际天文学联合会（IAU）召集各国的天文学家进行研讨与投票，并在此次会议中正式提出了行星的几条明确定义。

根据重新确定的行星定义，一个天体被确认为行星需要满足以下要求：

1. 围绕恒星运转（即公转）；
2. 有足够大的质量来克服固体应力，以达到流体静力平衡的形状（即近于球形）；
3. 已清空其轨道附近区域（即是该区域内最大天体，以其自身引力把轨道两侧附近的小天体"吸引"成为自己的卫星）。

根据以上定义，国际天文学联合会最终确定太阳系有八颗行星：水星、金星、地球、火星、木星、土星、天王星与海王星。冥王星因为其轨道附近区域存在阋神星等天体，而被纳入一个新创的分类：矮行星。

随着人类航天事业的发展和专业天文望远镜性能的提升，天文学家又发现了一种特别的行星，它们并不会围绕特定的恒星公转，而是流浪在星系或宇宙中，它们被称为星际行星或流浪行星。虽然不知道行星的定义会不会再一次被推翻，但可以肯定的是，科技的发展一直在刷新着我们对宇宙的认知。

行星与行星大不同

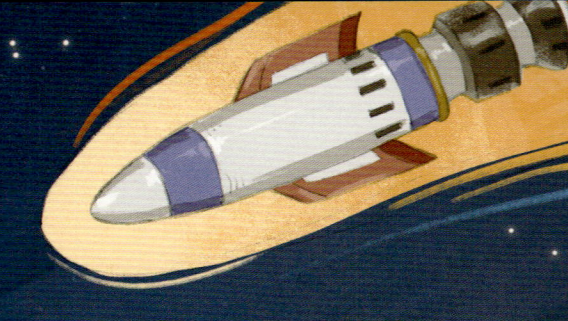

以火星、地球为代表的岩质行星

太阳系虽然只有八颗行星,但是它们之间的差别却很大。

水星、金星、地球和火星是距离太阳较近的四颗行星,它们主要由硅酸盐、铁等组成,被统称为岩质行星,也被称为类地行星。这四颗行星的天然卫星数量都很少,其中,金星与水星没有天然卫星,地球有一颗天然卫星,火星有两颗天然卫星。这四颗行星均没有发现光环,都有明确的固态表面。

在这几颗岩质行星中,火星与地球最为类似。火星上有大气,有昼夜交替,有四季轮转,也有被冰雪覆盖的两极。当然,火星也有很多地方与地球不一样,比如火星上的一年要比地球的一年长得多;火星上的大气比地球的大气要稀薄很多;火星也比地球小得多。

以木星、土星为代表的气态巨行星

木星和土星是距离太阳第五和第六近的行星，它们主要由氢和氦等气体构成，体积和质量比岩质行星大很多，被统称为气态巨行星，也被称为类木行星。

气态巨行星与岩质行星不一样，它们的表面难以被明确定义，因此无论是人类还是探测器，都很难"登陆"气态巨行星。

你可能知道，土星拥有明亮的光环，但是你知道吗？木星其实也有光环。木星的光环主要由木星的几颗卫星还

木星

有大量的尘埃组成。与明亮的土星环不同，木星的光环是弥散透明的，很难被观测到，但的确存在。

木星和土星都拥有很多卫星，如果你在正确的时机使用望远镜观测，很容易就能看到它们的卫星。此外，由于自转等原因，木星和土星的表面都存在条带状的结构，被称为云带，使用成像质量较好的业余望远镜就能观测到。

土星

以天王星、海王星为代表的冰质巨行星

天王星和海王星在太阳系八颗行星中距离太阳最远，虽然主要由氢和氦以及比它们更重的几种气体组成，但却被极端的低温冻成了一个"大冰球"，被统称为冰质巨行星或冰态巨行星，也被称为类海行星。

因为天王星和海王星距离地球非常遥远，所以到目前为止，我们对这两颗行星的认知还非常少。科学家根据探测器传回的数据总结了冰质巨行星的特点：体积和质量比气态巨行星小，比岩质行星大，相对适中；内部可能有大量水、氨、甲烷等冰的存在；大气层中有剧烈的天气现象。

使用普通的天文望远镜观察这两颗行星时，会发现几乎看不到任何行星上的细节。它们在望远镜中的个头很小，甚至可能无法呈现出一个圆面，你能看到的天王星和海王星只是两个泛着蓝色光芒的星点。

天王星

海王星

13

不不成功解出密码,零-弹出来,问他们想去哪个目的地。

"太棒啦!"小葡萄欢呼起来,"去火星!零一,快点儿带我们去火星!"

"已设定目的地,"零一说,"请确认出发。"

不不插嘴问道:"你们还是没跟我说清楚,这次为什么去火星?"

"因为有一些重要的火星车失踪了!"小栗子解释道,"肯定是僵尸星球又来搞破坏了。我们在樱桃舰长的吞噬能量监测仪上看到预警信号越来越强。"

"等一下,"不不疑惑地问,"你们为什么又是自己驾驶闪光号出来?樱桃舰长去哪儿了?该不会又像上次一样,是你们偷偷行动吧?"

小葡萄挠挠头说:"要是樱桃舰长在,我们干吗还找你帮忙解码……"

小栗子故作严肃地说:"其实,也不能叫'偷偷行动'。只是先行动,将来再汇报。"

说话间,小葡萄已经按下了"确认出发"的按钮。零一启动了闪光号,在一阵微弱的震颤中,不不看到舷窗外变换着快速流转的光晕。

"你们刚才说火星车失踪了,这是怎么回事?"不不说,"快给我详细讲一讲,要不然,待会儿我可不帮你们解谜了。"

"好好,没问题,"小葡萄说,"咱们一边吃东西,一边听我们来解释。"

小栗子点点头,说:"嗯,咱们待会儿估计又得有艰巨的斗争,在路上得抓紧时间吃东西,要不然待会儿执行任务该饿肚子了。"说着,他熟练地打开闪光号上的食物存储柜子,取出五六个密封的小盒子,放到一个加热箱里等待加热。

不不等不及,就追着小栗子问道:"别等食物啦,你赶紧告诉我,到底发生了什么?"

小栗子正色说:"前几天,国际空间管理局发布消息说,有几辆火星车跟地球失去联系了,我们在电视上发布的失联前的图像中见到了僵尸星球的符号!但是樱桃舰长又不在,我们怕僵尸星球的人施展更多阴谋诡计,因此一定要去阻止!"

"原来是这样!"不不点头道,"究竟是哪些火星车失去联系了?"

"呃……"小葡萄讪讪地说,"我们也没搞清楚,听说都是最新这一批发射的火星车,但是还没具体弄清楚是哪几辆,正想找你帮我们看看呢。"

"我们这里有一些信息,你帮我们分析一下是哪些火星车吧。"小栗子说。

不不低头看了一下,他们能得到的线索包括:它们是正在工作的火星车,是最近发射的火星车,至少有一辆是美国的火星车,有一辆是中国的火星车。

失联的火星车叫什么名字呢?
读一读第 16～23 页的资料,帮他们找到答案吧!

答案参见第 24 页。

望远镜中的火星

早期天文学家对火星的观测

1609年，伽利略将望远镜指向了夜空，天文学由此进入了全新的时代。作为夜空中最容易搜寻的天体之一，火星自然也成了伽利略观测的目标。不过不同于金星和木星的诸多发现，火星在望远镜里看上去有些平平无奇。

在随后的一两百年里，科学家对火星的观测越来越多，他们逐渐发现火星和月球在外形上有一点比较类似——天体表面都有明显的颜色区分。火星表面的其中一部分呈黑红色，反照率比较低；而另一部分偏白色，反照率较高。

19世纪早期，随着成像清晰度更高的望远镜出现，人们逐渐绘制出了火星反照率的特征图。1840年，世界上第一张粗略的火星地图出版，1877年之后，科学家们又绘制出了更精确的地图。

火星的极冠

如果说火星上这些黑红色的区域是普通的火星地表，那么这些白色的区域究竟是什么呢？在1651年、1653年和1655年这三年中，火星距离地球最近，许多科学家尝试用各种方法观测火星，得到了不少新成果。

1659年11月28日，荷兰天文学家惠更斯绘制了第一幅火星地形图，并在图中对他所观测的火星白色区域进行了一定说明。1666年，法国天文学家卡西尼首次提出，位于火星南极地区的白色区域可能是冰盖。而后的几年，惠更斯又注意到，火星的北极也有类似的白区。至此，火星南北两极有水的说法开始被人们所接受。

那么，火星南北两极的白色区域究竟是不是水呢？现代的科学探测结果表明，这两片区域确实含有不少的水冰，不过并不完全是水冰，还包含大量的干冰（固体二氧化碳）。由于这两个白色区域就像帽子一样盖在火星的极地上，因此也被科学家们称为火星的极冠。

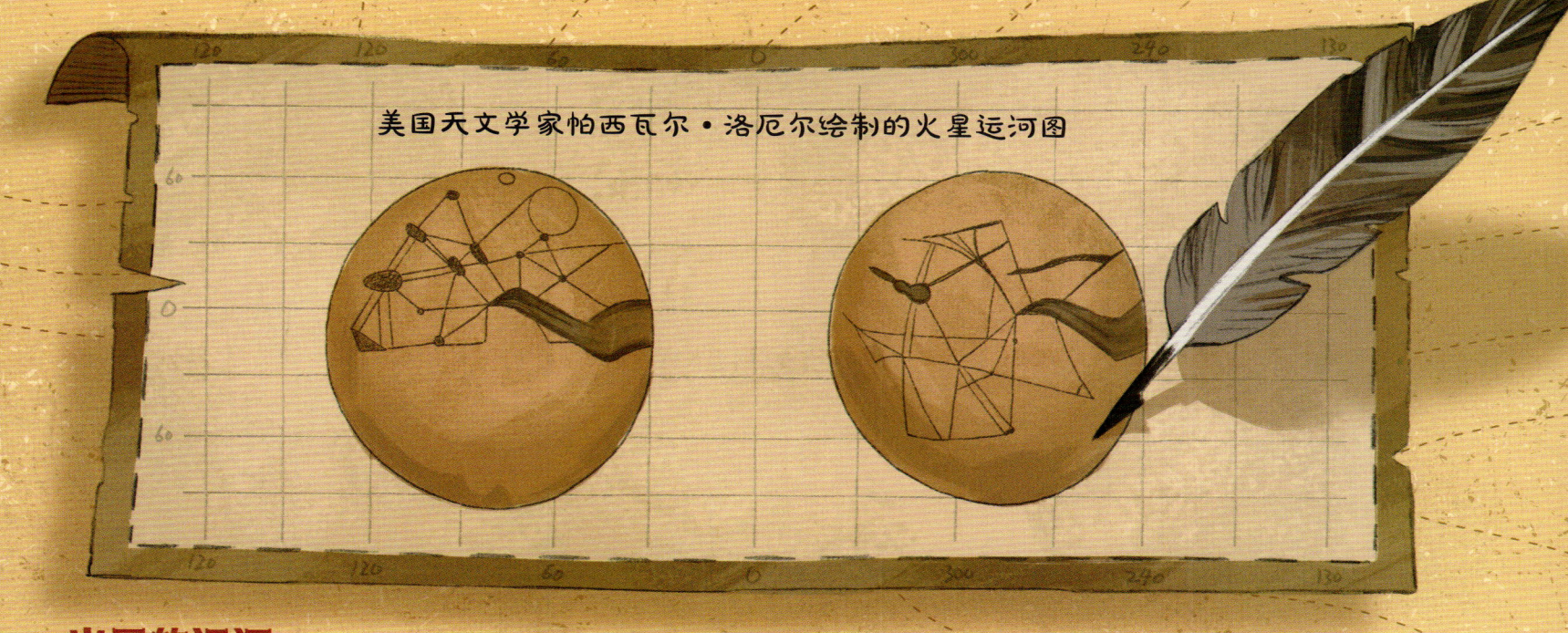

美国天文学家帕西瓦尔·洛厄尔绘制的火星运河图

火星的运河

你听说过火星人吗？火星人真的存在吗？

事实上，这个说法源自一个误会。在18至19世纪期间，望远镜的分辨率比较低，而火星相对而言又太小，因此科学家们对火星的观测并不能得到像木星、土星那样清晰的资料。

1877年，意大利天文学家乔范尼·弗吉尼奥·夏帕雷利对火星上观测到的细长网状结构进行了描述，他将这类条纹称为"渠道"。在意大利语中，渠道是canali。而一些使用英语的媒体，把这个词翻译成了canals（运河）。于是，天文学家在火星上发现了运河的说法，就开始广泛流传。人们开始好奇是谁在火星上挖了"运河"，并由此衍生出了火星上有火星人的说法，无数与之有关的书籍和影视作品也相继走红。

到了现代，随着观测技术的逐渐提高，以及人类成功发射探测器抵达火星，科学家逐渐发现火星上并不存在所谓的运河。现代的科学家认为，当时人们观察到的现象，或许是风在山脉和撞击坑背风侧形成的沙尘条纹，或者其他的光学幻觉。虽然我们没有再次观察到这些"运河"，但对于火星人的幻想却流传至今。

苏联的早期尝试

人类航天史上的多个第一

随着第二次世界大战结束,全球进入冷战时期,欧美和苏联开始了长达数十年的太空竞赛。在这场太空竞赛中,苏联在伟大的设计师科罗廖夫的带领下,获得了无数个第一。他们发射了人类历史上第一颗人造卫星,第一次将航天员送上太空,发射了第一个月球探测器,实现了第一次太空行走,又成功往金星发射了探测器。一次又一次的成功,让苏联在航空航天事业上底气十足,开始制定探索火星的相关计划。然而由于长期辛劳的工作,科罗廖夫病倒了,于1966年去世。苏联的太空探索之旅也随之变得崎岖坎坷,登月之旅蒙上阴影,探火之路则接近全盘失败。

探火之路的失败

1960年10月10日,苏联向火星发射了人类历史上第一枚火星探测器——火星1A号。四天之后,第二枚火星探测器火星1B号升空。这两个探测器的设计完全一样,也走向了类似的命运。发射这两个探测器的火箭都未能成功完成运行,三级火箭故障,它们连地球轨道都没有脱离。

着陆器

火星1A

1962年至1969年，苏联又发射了数个火星探测器。它们有的在发射几分钟后爆炸，坠毁到地面上；有的只抵达了环绕地球的轨道，而未能再向火星进发；只有一台探测器抵达火星附近，但却没能成功发回任何数据。

　20世纪70年代，苏联又向火星发射了数个探测器。这其中，最值得说的当属火星三号。火星三号释放的着陆器，是人类有史以来第一个成功在火星表面软着陆的探测器。然而它仅在火星工作了14.5秒，甚至没能发回一张完整的照片，就永远与地球失去了联系。在此之后，虽然苏联陆续又有几个探测器成功抵达火星轨道，并传回了不少数据，但却失去了先机，逐渐被美国超越。

火星探测器失败的原因

　苏联在探测器发射上成功率较低是导致探火之路接连失败的重要原因。苏联在火星探测计划中采用了很多制造得并不成熟的航天器，这种不成熟导致探测器还没飞出地球大气层就直接坠毁了，与火星本身没有关系。

　探火之路失败的另一个原因则与火星本身相关。火星相较月球而言，距离地球的路程远得多，信号一去一回，大概就要十分钟的时间。在飞往火星的道路上，探测器会面临各种严峻的问题，而这些问题往往只能靠探测器自身来评估并解决，无法依赖地面的指挥和控制。因此，在人类历史上，火星探测的失败率在众多发射项目中，绝对算高的。

火星三号

美国的探测之路

水手四号发回的照片

水手四号

美国的火星探测器发射之路也并非一帆风顺,不过成功率确实比苏联高出许多。1964年,美国先后向火星发射了两枚探测器:水手三号和水手四号。水手三号是美国发射的第一枚火星探测器,然而大概在发射8小时后就与地面永远失去了联系。同期的水手四号,却成了有史以来第一枚掠过火星并发回探测数据的探测器。

水手四号不光成功传回了数十张火星照片,还连续工作了多年。水手四号发现,火星的大气远比人们之前想象中的稀薄。这一发现对日后火星探测器着陆降落伞等部件的设计,起到了至关重要的作用。此外,水手四号还发现,火星并不像地球一样拥有强大的磁场,所以很多高能粒子会直接撞击火星表面。高能粒子对已知生物的危害好比核辐射,因此这一发现降低了人们对于火星人存在的期望。

大规模探测的开展

水手四号的成功,让美国大受鼓舞。随后,越来越多的火星探测器开始造访这颗神秘的星球。这之中,有个特别值得一提的探测器——海盗一号。

海盗计划是美国最为成功的火星探测计划之一,海盗一号也是首个在火星着陆并成功向地球发回照片的探测器。海盗一号在火星上工作了整整2245个火星日,传回了大量的火星数据。

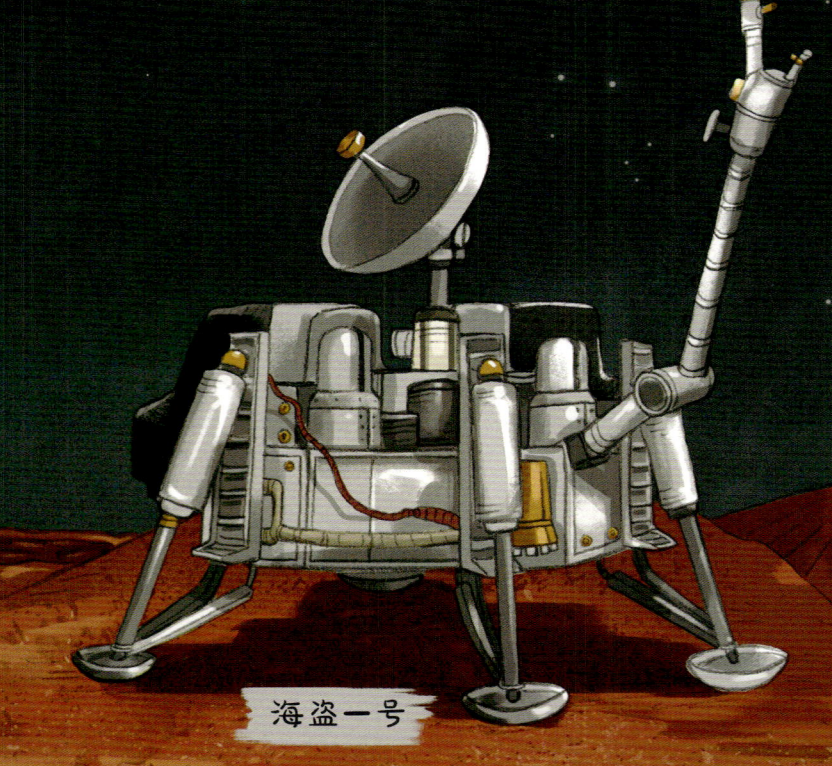

海盗一号

20世纪90年代至今,美国又发射了多个探测器到访火星,并有了诸多新成果。火星全球勘测者号成功完成了火星全球测绘工作;2001火星奥德赛号第一次成功证实了火星上存在水冰;凤凰号着陆器在火星北极挖到了高纯度水冰。此外,好奇号、机遇号、洞察号等多个火星探测器也都获得了不同程度上的成功。

毅力号的成功

2020年7月30日,美国成功发射毅力号火星探测器。2021年2月18日下午3时55分(美国东部时间),毅力号成功登陆火星,降落在耶泽罗撞击坑中。值得一提的是,毅力号携带了一台名为机智号的小型无人机。机智号能够在火星表面3至5米的高度上飞行,每次飞行完成后,还可以直接与毅力号通信。机智号因此成为人类历史上第一架"在另一个星球上进行动力控制飞行"的飞行器。此外,毅力号成功完成了将火星大气中的二氧化碳转化成氧气的工作,这也是人类第一次在其他星球上成功制造氧气。

毅力号的成功对未来在火星上建立永久太空基地起到了重要的参照作用。

天问一号

中国的探索计划

最早却不为人知的探索

20世纪之后,随着科学技术的发展与经济的不断增长,中国开始尝试火星探测。说起中国的火星探测器,相信很多小朋友都知道,中国在2020年成功发射了天问一号探测器。然而,你可能不知道,中国发射的第一个火星探测器其实是"萤火一号"。

由于火星距离地球太远,想成功发射火星探测器就需要大推力火箭。但发射萤火一号的时候,中国的大推力火箭——"胖五"(长征五号)还没有研制成功,中国没有合适的火箭能够进行发射。于是,中国就选择了与俄罗斯进行国际合作,使用"搭便车"的方法进行发射。作为中俄航天合作项目之一,萤火一号交付俄罗斯后,由俄方搭载在俄罗斯的福布斯-土壤火星探测器中,实施共同发射。

遗憾的是,俄罗斯的火星探测再一次失败。萤火一号在2011年11月9日发射后,没能成功变轨,最终与俄罗斯的探测器一同坠入了太平洋中。

天问一号与祝融号

天问一号是中国成功发射的第一个火星探测器,也是中国首次自主发射的火星探测器。2020年7月23日12时41分,长征五号运载火箭搭载天问一号,从海南文昌航天发射场发射升空,并成功进入预定轨道。在长达七个多月的飞行后,探测器成功进入火星环绕轨道,并开始进行一系列的科学探索任务。

在经过三个月的环绕飞行后,2021年5月15日,天问一号所携带的"祝融号"火星车,成功着陆于火星表面的乌托邦平原。中国成为世界上第二个完全成功着陆火星的国家,也是世界第一个首次独立完成火星任务就成功完成火星表面巡视的国家。

天问一号的科研成果

天问一号计划的成功，极大提高了中国在探火之旅上的信心。那么天问一号在登陆火星后将完成哪些任务呢？

天问一号登陆火星后，主要有五大任务：

1. 研究火星形貌、地质构造特征；
2. 研究火星表面土壤特征和地下层的水冰分布；
3. 研究火星表面物质组成，开展表面矿物组成分析；
4. 研究火星大气电离层及表面气候与环境特征，获取火星电离层结构和表面天气季节性变化规律；
5. 研究火星的内部结构与磁场。

为了完成这些科研任务，天问一号不仅携带了摄像头，还安装了多普勒相机、粒子探测器、火星气象测量仪及各种雷达等装备。这些探测任务将为我们研究火星土壤、大气等方面提供更多的信息，或许也能发现火星的现在和过去是否存在生命的证据。

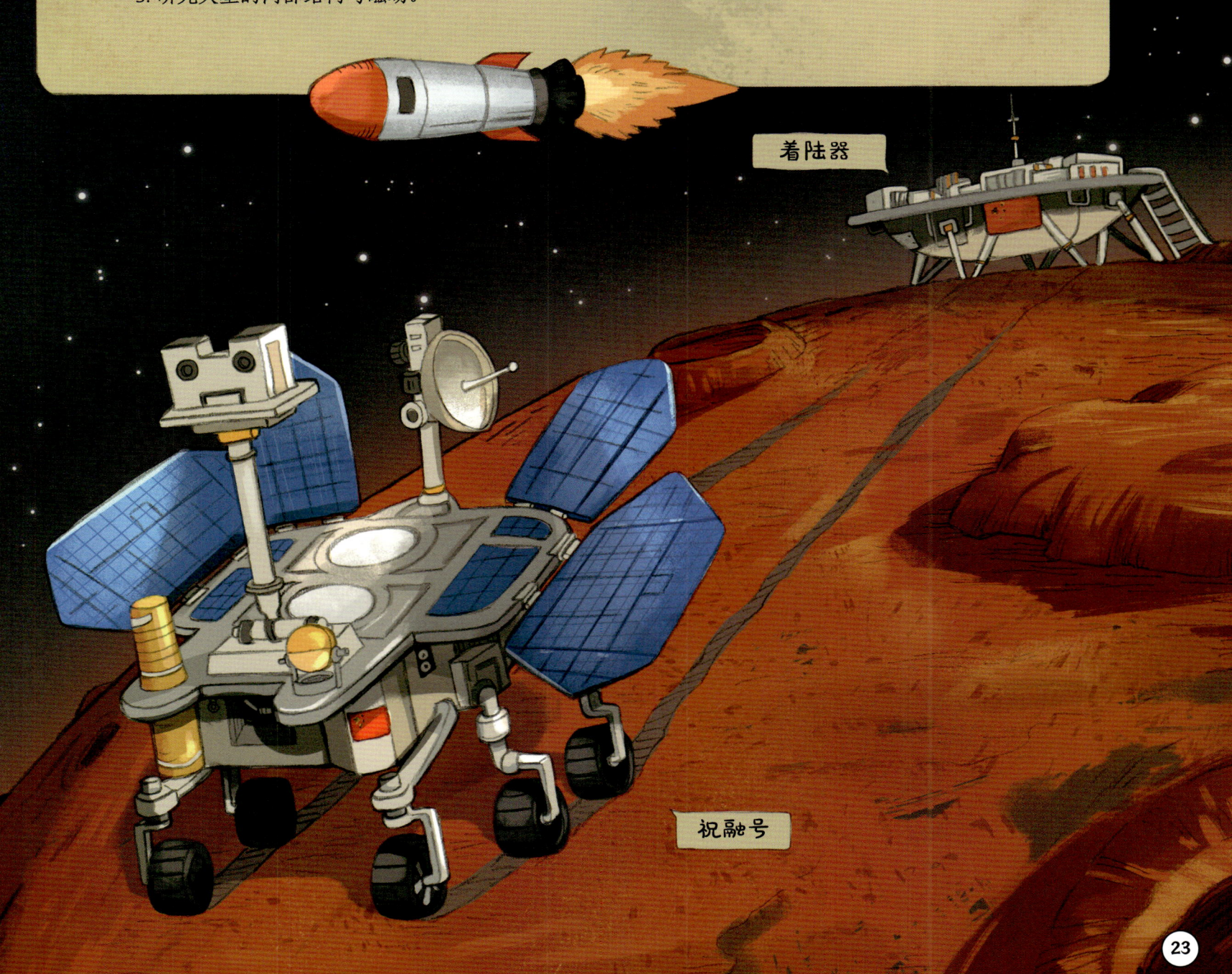

着陆器

祝融号

第三章

他们终于确定了失联的火星车，现在要开始制订行动计划了。这时，加热箱里的食物也热好了，小栗子把食物盒子端出来，三个人围到餐桌边。

"今天是除夕，"小葡萄说，"咱们也算是吃个年夜饭啦，哈哈。"

不不拿起一个鸡腿，问："我还想问呢，你们为什么非要今天出来呢？再过几天，等过完年不行吗？"

小栗子摇摇头："来不及呀！经过上一次，你还没发现吗？僵尸星球的坏蛋一旦到来，只要一两天就有可能把智慧宝石抢走。昨天，我们看到吞噬能量的强度大幅度增强，说明僵尸星球的人已经到了太阳系，再等就来不及了。"

"这次也涉及智慧宝石吗？"不不一边吃东西，一边惊讶地问，"上次咱们在月球，不是已经找到了智慧宝石，而且把智慧宝石收起来了吗？"

"咱们地球文明的智慧宝石，怎么可能只有一块？！"小葡萄说，"实际上，樱桃舰长当时炼出了12块呢！她把12块智慧宝石分别放置在太阳系八大行星、月球和银河书院在地球的三个分校区，想用这12块宝石的能量，生成坚不可摧的太阳系的能量防护罩，保护地球。可是现在防护罩还没造好，僵尸星球的人就频繁来骚扰，想抢走智慧宝石。"

"原来是这样！那确实得快点儿行动了！"不不听了，觉得事关重大，人类的命运就寄托在他们身上，于是问道，"那我们到了火星，该怎样寻找僵尸星球的人呢？"

第二章谜题答案：毅力号、祝融号。

"呃……这个……"小栗子有点儿不好意思道,"我们也不知道。"

"不知道?"不不哑然失笑,"那火星这么大,咱们难道随便乱闯吗?"

小葡萄赶紧给不不递了一块玉米,说:"别着急,也是有一些线索的。这次失联的火星车,是同一时期发射到火星的,它们的发射时间、飞行时间、着陆时间和地点都差不多,执行任务的时间不长,工作的范围应该也差不太多。咱们找到一辆就行。"

"那就找咱们中国的祝融号吧!"不不说。

"嗯,我们也这么想。"小栗子说,"现在还有14分钟到达火星,咱们还有几分钟时间,好好查一下祝融号的资料。"

不不点头道:"你们不知道,我还看过祝融号的火箭发射呢!任务叫天问一号,我那时候虽然还很小,但也记得长征五号火箭上天的震撼。可不能让祝融号落入僵尸星球的手里!"

"一起加油!春节快乐!"小葡萄举起手里的杯子。

"一起加油!春节快乐!"小栗子和不不也举起杯子。

不不感慨道:"这顿年夜饭,可真是终生难忘了!"

小葡萄说:"不过,我一直有个疑问,为什么好几个国家发射火星探测器,都会选择同一天发射呢?难道这一天有魔法?"

"我也有这个疑问。"小栗子说,"我猜想可能是国际空间管理局统一指挥的。"

"我们还是调查一下比较好。"不不建议道。

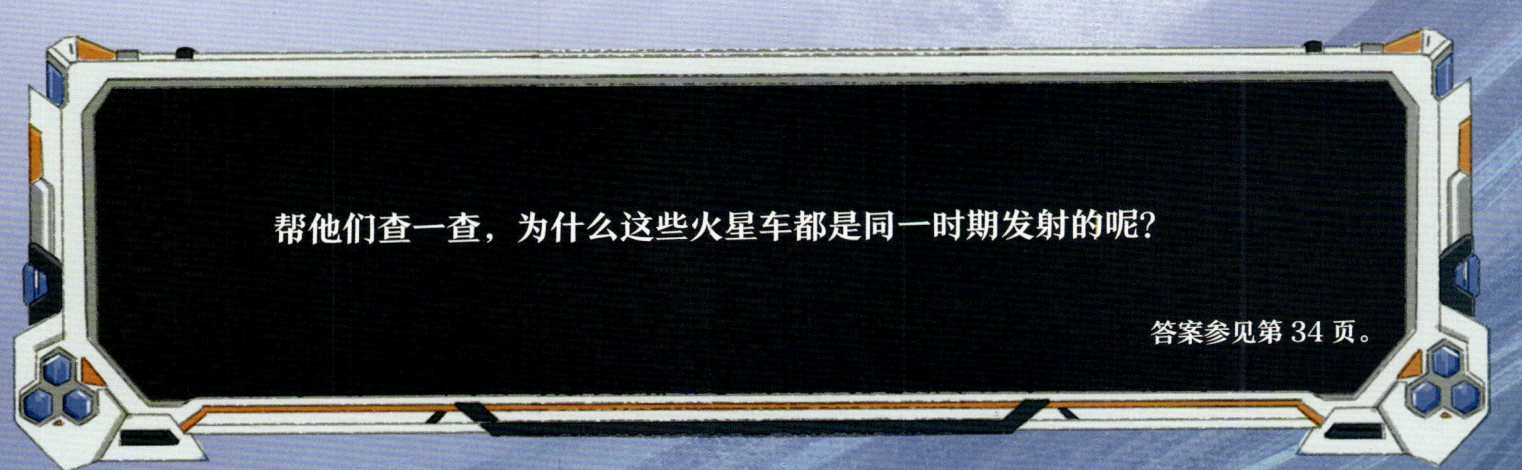

帮他们查一查,为什么这些火星车都是同一时期发射的呢?

答案参见第34页。

宇宙速度

摆脱地球引力

我们在地球上原地起跳，一般会落回地面；如果我们向前扔一块石头，石头会在飞行一段距离之后落到地面上。我们都知道，这种现象是在地球引力的影响下产生的。

不过，你有没有注意到，如果你使劲往上跳，无论是蹦起来的高度，还是腾空的时间，一般都会比你轻轻地跳要高、要久。同样地，你使的力气越大，那石头一般也飞得越远。那么，如果你起跳的力气非常非常大，有没有可能跳出地球呢？或者你扔石头的力气特别大，石头会不会绕着地球飞一圈呢？这种想法虽然看起来异想天开，但是理论上来说，却是可能实现的。

这个"力气"能够决定你的初始速度。你的力气使得越大，相应的初速度就越高，滞空时间就越长。当速度快到一定程度的时候，物体就有可能围绕地球飞行，甚至脱离地球引力的束缚，飞向太空。

事实上，火箭发射就是这样的原理。火箭发射的时候，尾部会喷出大量气体，让火箭获得足够高的初速度，最终飞出地球。

飞机与火箭的区别

有的小朋友可能会问，飞机比火箭慢得多，却也可以围绕地球飞行，这又是为什么呢？

原来啊，大气层内部的这些飞行物跟火箭不太一样，它们主要是利用空气的浮力飞起来的。到了空气稀薄的大气层外面，这些飞行物就很难飞起来了。此外，飞机在空中进行的是有动力飞行，发动机需要持续消耗燃料产生动力；被火箭运载到太空的人造卫星则不一样，它们在环绕地球运行的时候，除了变轨，基本上不需要任何附加动力，也不额外消耗燃料，这也是两者的重要区别之一。

那么，在没有空气的前提条件下，如果我们想摆脱地球的束缚，需要具体达到什么样的速度呢？

三个宇宙速度

宇宙速度，是物体从地球出发，要脱离天体重力场的几个较有代表性的初始速度的统称。第一宇宙速度为 7.9 千米/秒，达到这个速度的物体，就可以环绕地球做圆周运动；第二宇宙速度为 11.2 千米/秒，也称为逃逸速度，达到这个速度，就可以脱离地球引力的束缚；第三宇宙速度为 16.7 千米/秒，有了这个速度，就可以摆脱太阳引力，向太阳系外飞去。

那么要发射探测器到火星，需要达到哪个速度呢？

你猜对了，发射探测器到火星至少要达到第二宇宙速度，这样，航天器才可以摆脱地球，飞往火星。

火箭的选择

火箭的载荷

如果你去查询火箭的相关参数，会发现往往找不到关于宇宙速度或火箭速度的参数，这是怎么回事呢？

我们一般用有效载荷来判定火箭的发射能力，火箭的有效载荷越大，它能成功发射到太空的物质质量就越大。发射同样的卫星，距离地球越远的轨道，所需要的推力也就越强。通常而言，我们使用近地轨道（LEO）有效载荷和同步轨道（GSO）有效载荷两个参数来表示火箭的发射能力，而不是用宇宙速度。

近地轨道一般指高度 2000 千米以下的近圆轨道，同步轨道指的是约 36000 千米高度、周期与地球自转周期相同的轨道。美国常用的德尔塔四号重型运载火箭，近地轨道有效载荷为 28.79 吨，同步轨道有效载荷为 14.22 吨。

因此，对于火星探测这样目的地较远的任务，不仅要求火箭的有效载荷高，也需要尽可能减轻火箭所运载的探测器的质量。

世界各国的大推力火箭

在各国的大推力火箭中,最有名的大概是"土星五号"。土星五号近地轨道有效载荷超过百吨,不仅将美国的第一个环地球空间站"太空实验室"送入太空,更是将十余名航天员安全送上了月球,硕果累累。

不过,由于多种原因,土星五号已经退役多年。现役火箭中,推力最大的是 Space X 公司的猎鹰九号重型运载火箭。该型火箭的近地轨道运载能力达 64 吨。值得一提的是,猎鹰九号重型运载火箭的部分型号,还可以对助推器进行回收和二次使用,降低了火箭的发射成本。

长征五号运载火箭

中国有没有大推力火箭呢?当然有,长征五号就是中国研制成功的大型运载火箭。

长征五号运载火箭于 2001 年开始研制,2016 年在海南文昌发射场进行了首次发射。尽管长征五号在前两次发射过程中遇到了不同程度的失利,但经过故障归零、重新研发之后,最终成了我国运载能力最大且技术稳定过关的火箭。

长征五号近地轨道有效载荷为 25 吨,与前面提到的美国德尔塔四号重型运载火箭属于同一级别。截止到目前,我国的嫦娥五号月球探测器、天问一号火星探测器、天和号核心舱等都由长征五号发射,且获得了成功。未来,长征五号火箭预计还将承担更多的发射任务。

霍曼转移轨道

如何飞向火星

选好火箭后，就要定下飞向火星的轨道了。我们知道，两点之间，线段最短。如果按照这个思路去设计火星探测器的发射路线，似乎可以得到一个结论，那就是当火星离地球最近的时候，沿着直线向火星发射火箭，所走的路程是最短的。然而，事实却并非如此。

无论是火星还是地球，都不是固定不动的，它们一刻不停地在围绕太阳旋转。由于火星一直在运动，且火星探测器也会受到太阳的引力作用，因此如果想向着火星走直线的话，就需要一直调整火箭运行的角度，这会消耗大量的燃料，增大控制难度。那么，如何选择轨道才是最合适的呢？

瓦尔特·霍曼

1880年，在德国的哈德海姆，有一个名叫瓦尔特·霍曼的小男孩诞生了。他从小就喜欢仰望星空，并因此对宇宙和天文产生了极大的兴趣。他在阅读了法国作家儒勒·凡尔纳的诸多科幻著作后，开始思考关于星际航行的问题。经过各种计算和设计之后，他意识到一个问题：对于星际航行来说，最重要的影响因素之一，就是飞船到底能携带多少燃料。越节约燃料的飞船，就能飞得越远。在这个思路下，霍曼设计了各种各样的轨道，并将其发表在《天体的可抵达性》一书中。而其中的一条，至今影响深远。

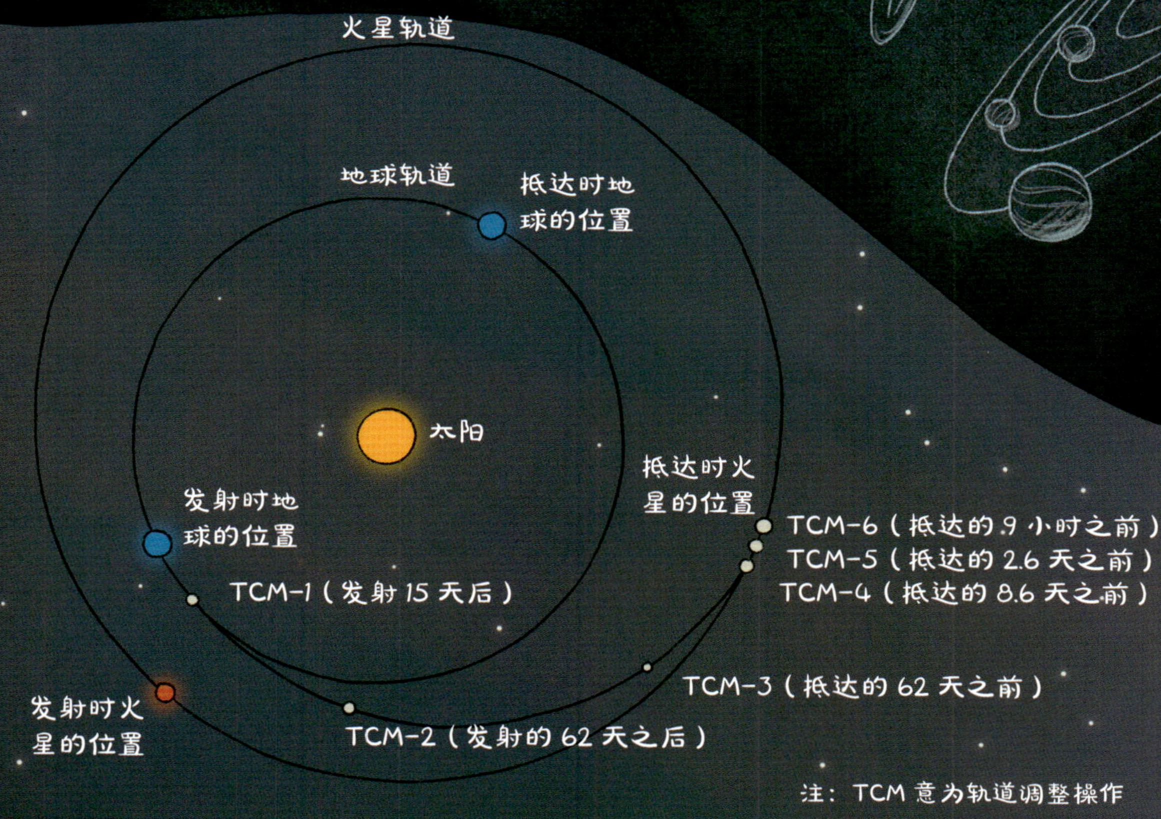

火星轨道

地球轨道　抵达时地球的位置

太阳

发射时地球的位置

抵达时火星的位置

TCM-1（发射15天后）

TCM-6（抵达的9小时之前）
TCM-5（抵达的2.6天之前）
TCM-4（抵达的8.6天之前）

TCM-3（抵达的62天之前）

发射时火星的位置

TCM-2（发射的62天之后）

注：TCM 意为轨道调整操作

霍曼转移轨道

想要把火箭发射到火星，首先要将探测器推送到环绕地球的轨道上。此时的探测器，将一边绕着地球运行，一边跟着地球绕太阳运行。同样，当探测器抵达火星的时候，也不是静止的，而是进入火星轨道，和火星一起运行。而探测器如何从环绕地球的轨道转移到环绕火星的轨道，是一个很关键的技术难题。

霍曼设计了一种方法，被叫作"霍曼转移轨道"。这个方法最大的好处在于，只需要变换两次引擎推进，就可以实现从地球到火星的轨道转移。一次是将探测器从地球轨道推到霍曼转移轨道中，另一次则是被火星捕获。不过，这是怎么做到的呢？

原来，霍曼发现，被发射到太空的探测器本身具有很高的速度，又同时受到太阳引力的作用，因此在航行过程中，只需要设计合理的轨道，探测器就能在不持续消耗燃料的前提下自发沿着轨道，从地球飞往火星。这个设计思路大大缩减了探测器需要携带的燃料量，对后世影响深远。

而且，探测器在霍曼转移轨道的飞行时间，可以通过开普勒第三定律简单地计算得出。只要火星、地球和太阳三者到达相应的位置，便可以安排发射，可以说是又省钱（节省燃料）又省力（好控制）。

直到100年后的今天，火箭依然采用类似的轨道前往火星。让人不得不感叹，霍曼是多么有先见之明呀！

31

选择发射时间

火星探测的窗口期

翻开人类的太空探测史，我们会发现一个有趣的现象，那就是火星探测器的发射时间和月球探测器的发射时间有着很大的不同。月球探测往往不会出现各国集中发射火箭的盛况，但火星探测器不仅有着非常明显的发射规律，甚至会出现一个国家连续几天发射多个探测器的情况。

比如，苏联在1960年10月10日，向火星发射了第一枚探测器火星1A号。四天以后，第二个探测器火星1B就升空了。再比如，2020年7月底，中国、美国、阿联酋等多个国家同时发射了多个火星探测器。

这种集中发射探测器的时间段，被称为火星探测窗口期。

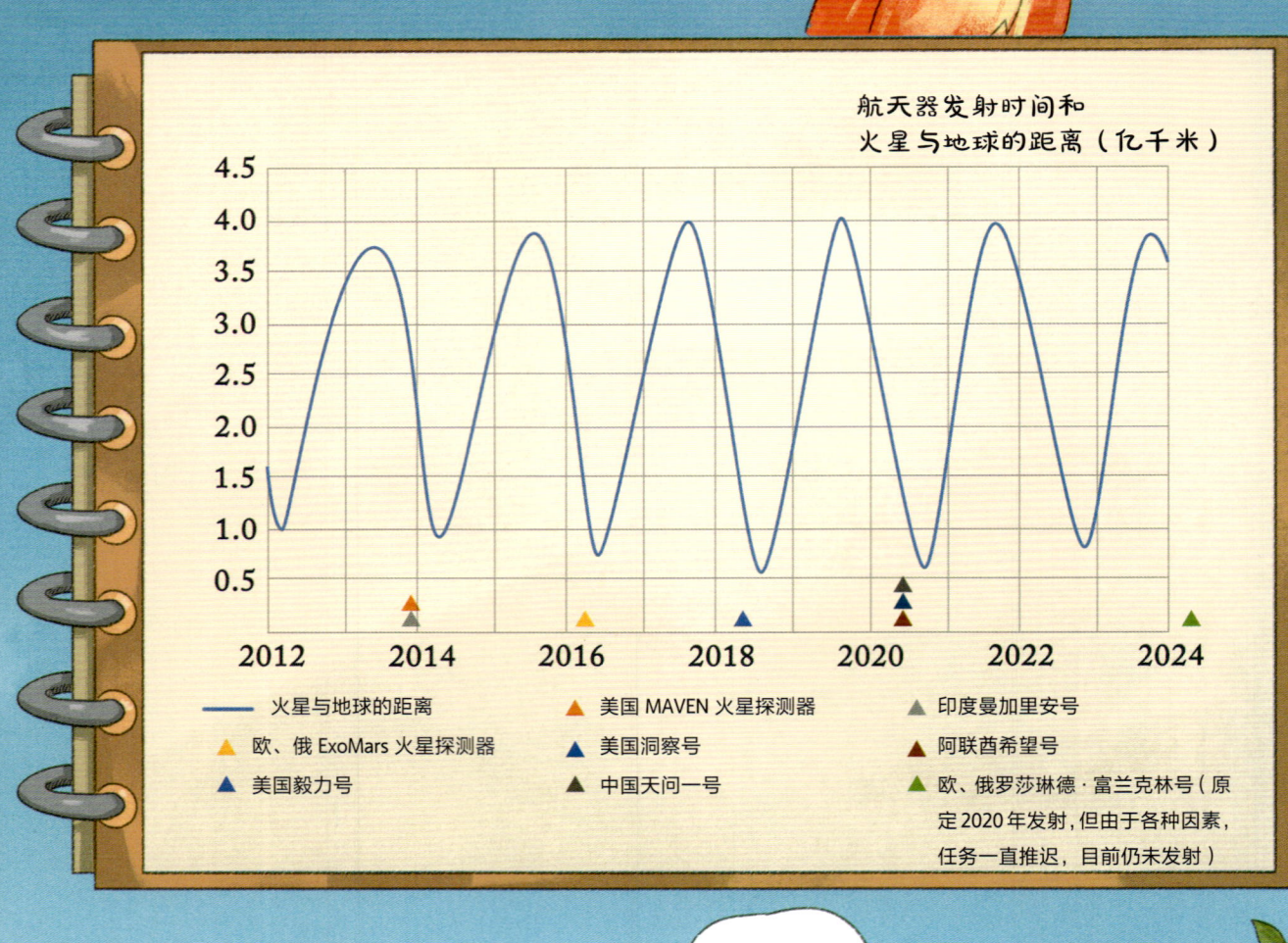

航天器发射时间和火星与地球的距离（亿千米）

- 火星与地球的距离
- 欧、俄ExoMars火星探测器
- 美国毅力号
- 美国MAVEN火星探测器
- 美国洞察号
- 中国天问一号
- 印度曼加里安号
- 阿联酋希望号
- 欧、俄罗莎琳德·富兰克林号（原定2020年发射，但由于各种因素，任务一直推迟，目前仍未发射）

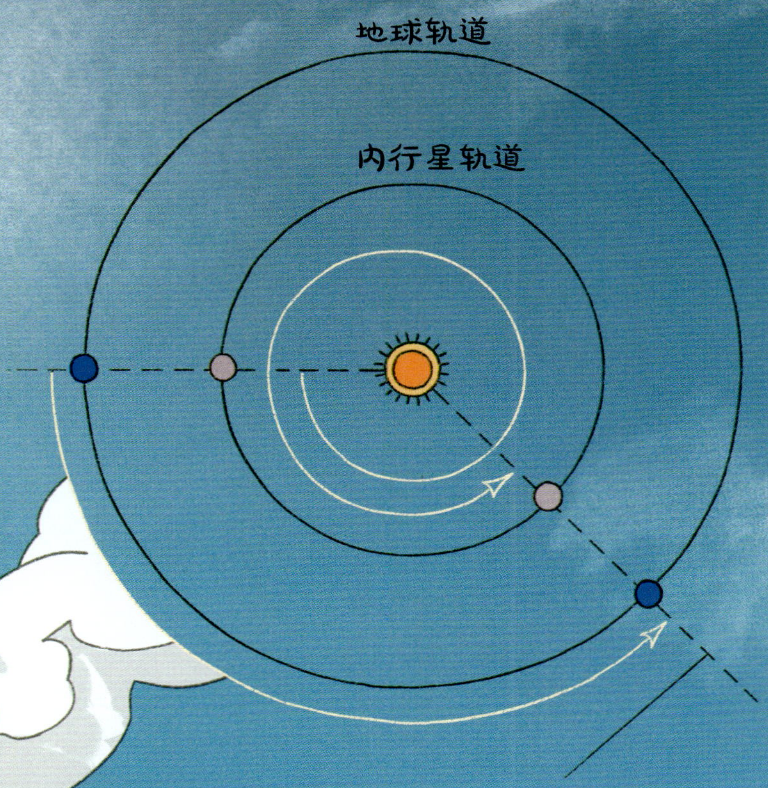

会合周期

为什么会有火星探测窗口期的存在呢?

这与火星探测轨道有关。为了最大程度地节省燃料,现有的火星探测器基本都会沿着霍曼转移轨道进行发射。霍曼转移轨道对于地球、火星、太阳的相对位置有明确的要求,各个国家都会选择在这个符合要求的时间段内发射探测器,进而形成了火星探测窗口期。两个火星探测窗口期的间隔时间大约是 26 个月,这是为什么呢?

原来啊,无论地球和火星运行到哪里,每隔 26 个月,它们与太阳的相对位置会重复一次。我们将这个时间间隔称为会合周期。

会合周期的产生与计算

让我们再往深想一想,会合周期为什么会存在,又是如何被计算出来的呢?

开普勒第三定律告诉我们,离太阳越近的行星,围绕太阳旋转的速度越快。而地球比火星离太阳更近,因此地球的公转速度比火星更快。

地球的公转周期是 365 天,火星的公转周期是 687 天。地球转完一圈之后,火星刚转了半圈多。当地球、火星和太阳重复某个位置关系的时候,便已经过去了两年多。

事实上,不仅地球和火星存在会合周期,地球和月球、地球和其他行星也存在类似的周期。了解这个周期,对我们发射探测器或观测天体都有很大的帮助。

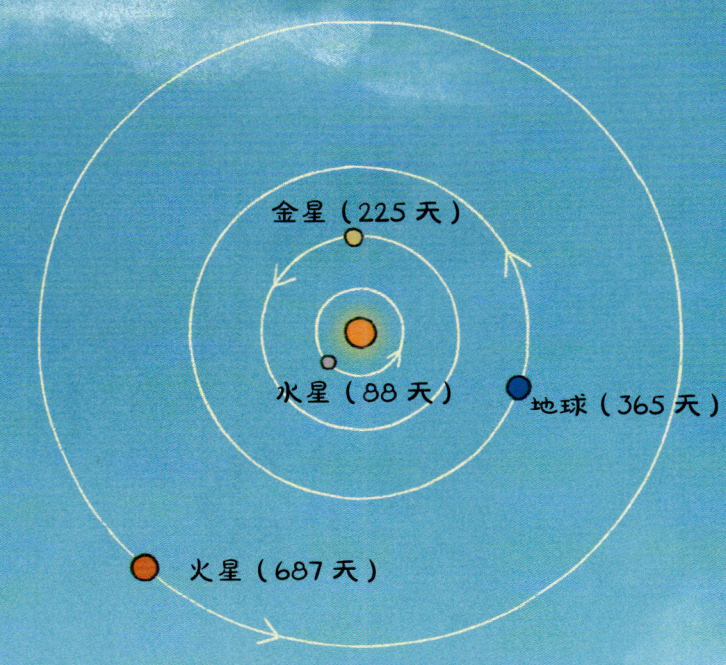

第四章

不不和小栗子正在专心查找资料,小葡萄忽然叫道:"快到了,你们别忘了去厕所穿纸尿裤!要不然尿了裤子别怪我没提醒你们。"

"纸尿裤?什么纸尿裤?"不不听了很震惊。

"傻瓜!"小葡萄笑道,"你想一想,待会儿到了火星,去哪儿上厕所啊?空气太稀薄,又不能脱了航天服,你不穿纸尿裤,难道要憋死吗?"

不不瞪大了眼睛,第一次想到这个问题。

小栗子看不不的样子,也很惊讶道:"你竟然不知道?婴儿纸尿裤就是从航天系统研发出来的。当初是为了解决火箭发射过程和航天员出舱的尿尿问题,才发明了纸尿裤的锁水材料。"

"原来如此!航天技术竟然有这种意外的妙用!"不不赞叹道,但转念一想又迟疑了,"可是,我真的不想穿纸尿裤啊……"

就在这时,零一的声音打断了三个小朋友的对话:"已到目的地附近,请确认着陆策略。"

"什么叫着陆策略?"不不问。

小葡萄和小栗子也面面相觑,听不懂零一的问题。零一于是列出了可以选择的不同的着陆策略,包括反推着陆腿式、气囊弹跳式和空中吊机式。三个小朋友看傻了,都不懂是什么意思。

"为什么不能像在月球上一样直接降落到表面?"不不问。

"这次不行,"零一说,"闪光号被限定,不可以直接降落到任何星球表面。"

第三章谜题答案:因为这一天是火星发射窗口期,可以让火星车用最省力的方式抵达火星。

"啊？！"不不有点儿发愁，"那我们完全不懂这些着陆方式啊。该怎么选呢？"

小栗子和不不打开每一项的解释说明，想仔细看看，选一个简单的。但小葡萄没有耐心，直接跑到舱门口，开始穿航天服。

"没那么复杂啦！"小葡萄说，"你们从窗户看一下，离地面没多远，就算最简单的跳伞，也能落到地面上。我看这里有现成的弹跳舱，就很好啊！你们跟着我，肯定没问题。"

说着，小葡萄钻进门口一个紫红色球舱，操作了几下，就让球舱进入了释放轨道。不不和小栗子还没反应过来，球舱就从闪光号一侧的舱门通道滑了出去。

两个男孩赶忙跑到舷窗处，紫红色的球舱似乎只用了几秒钟就落到了火星表面，然后在火星表面又蹦又跳，滚出很远。

"这个冲动的小葡萄！"小栗子抱怨道。

"可咱们到底要选哪种降落方式呢？"不不也心急如焚。

"要不咱们就选跟祝融号一样的着陆方式？"小栗子说，"这总不会错吧。"

阅读第36～43页的材料，帮小栗子和不不找到祝融号的登陆方式吧！

答案参见第44页。

35

空间天气

什么是空间天气

在太空中，虽然缺少人类能够利用的"空气"，但却并非完全真空。就像地球上的飞机会受到天气影响一样，在太阳系中航行，太阳风吹出的各种粒子也会对探测器产生影响。因此，在太空航行，也要学会看"空间天气预报"。

空间天气是近年来出现的概念，是指近地空间或从太阳大气到地球大气的空间环境状态的变化，其理论适用范围为距离地面30千米以上到宇宙空间中的区域。

空间天气所涉及的物理参数与地球上的地面天气不太一样，太阳系内的空间天气主要受太阳风的风速、密度以及行星际磁场这三者的影响。太阳风与地球上的风也不太一样，不是由气体分子组成的，而是由太阳上层大气射出的高速等离子带电粒子流组成的。

太阳风是引发太阳系空间气象变化的重要驱动力，而空间天气的变化会影响航天器的正常运行和可靠性，甚至危及航天员的健康和生命。

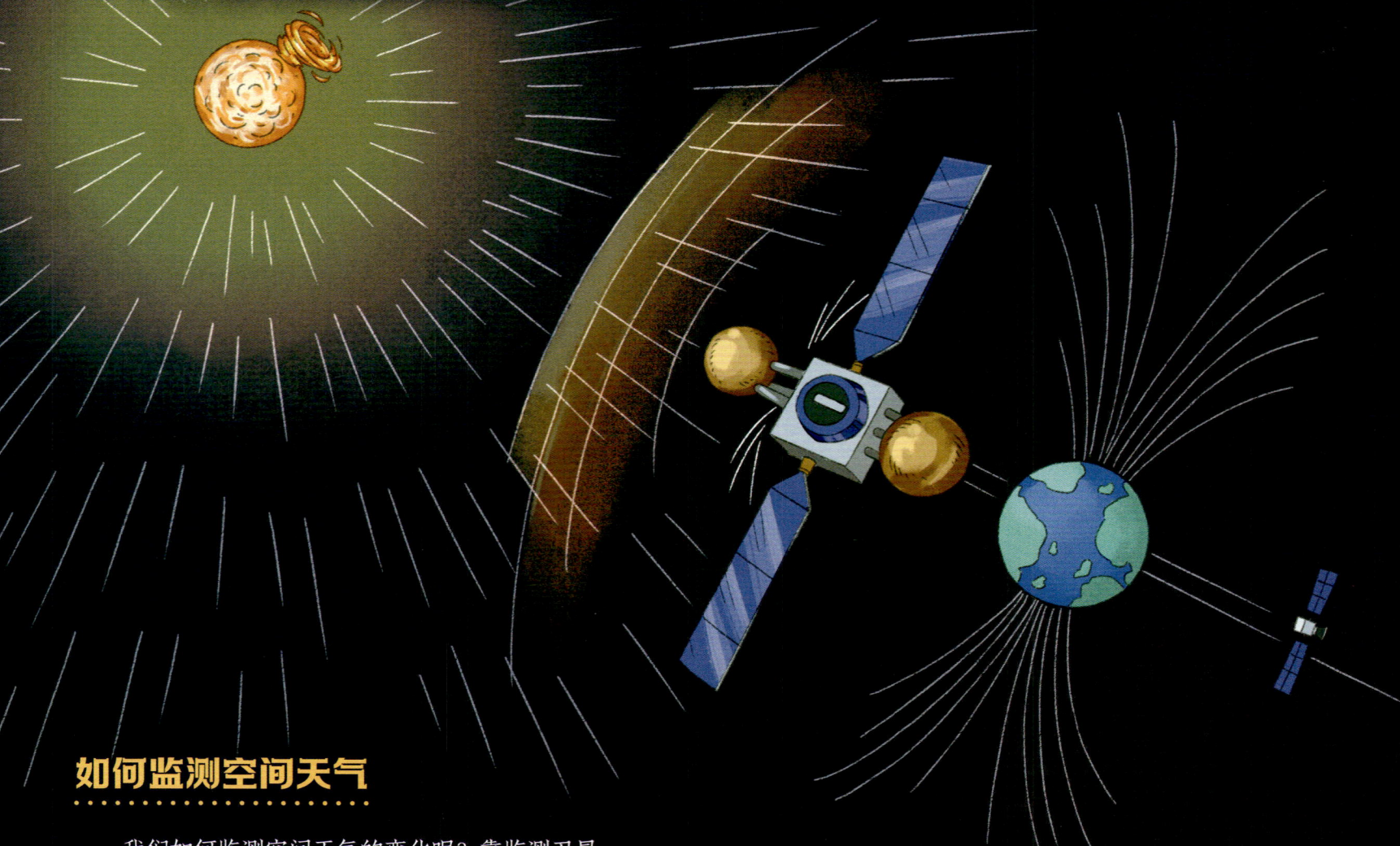

如何监测空间天气

我们如何监测空间天气的变化呢？靠监测卫星。

太阳和日球层探测器（Solar and Heliospheric Observatory, SOHO）就是一台可以监测太阳系空间天气变化的卫星，由美国国家航空航天局和欧洲空间局合作研制。

SOHO于1995年发射，原设计寿命为3年，但是实际使用寿命一再延长，是科学家制作空间天气预报的重要数据来源之一。

风云三号是中国发射的气象卫星，由多颗卫星组成。其中，风云三号 E 星搭载了太阳成像观测仪器，可以对太阳活动区、冕洞、耀斑、暗条爆发等活动现象进行监测，也可以为中国的空间天气预报提供精确的数据支持。

我国的子午工程自 2008 年开工，分批建设完成。该工程是通过从太阳大气到近地空间全链条、全国覆盖、高时空分辨的监测，探索空间天气事件的传播、演化和影响我国空间环境的路径和规律，揭示我国不同区域上空的空间环境的变化特征和差异，目前已取得了多项科研成果。

保护航天员

由于地球拥有厚厚的大气层与较强的磁场环境，因此太空中的各种高能带电粒子大部分不能顺利抵达地球表面，也不会对我们的健康造成很大危害。但是，在太空中工作的航天员往往会离开地球的这个"保护层"，他们需要依靠航空器及航天服的保护，才能抵御各类高能粒子的危害。

空间站、太空舱等航天器，其外壳都可以有效地屏蔽高能粒子。但航天员在进行舱外活动时，航天服本身的防护就没有那么强了。太阳系内的空间天气变化主要受太阳活动的影响，在太阳活动爆发期，太阳系中的空间辐射将大大增强。因此，航天员出舱就需要避开这种特殊的时期。如果在航天员进行舱外活动时，突然检测到了太阳活动爆发，则需要停止活动，尽快回到航天器内，以减小高能带电粒子对人体的伤害。

太空通信

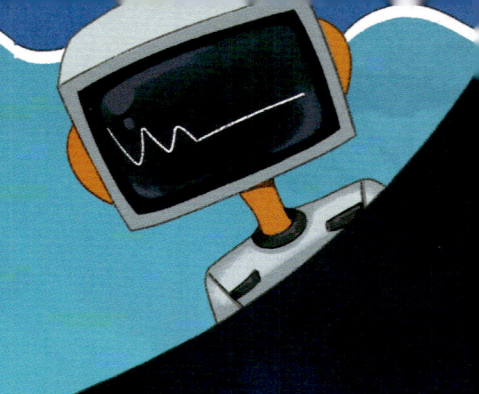

地球，收到请回答

从地球飞到火星，大约要经历 7 个月，没有中间"站点"可供着陆。不过，值得高兴的是，这段太空旅行是"有信号的"，航天员可以与地球进行联络，并非完全"无依无靠"。地球与火星之间的距离如此遥远，二者之间是如何实现通信的呢？

火星和地球之间的通信方式主要是无线通信，依靠无线电波传输信号，信号传输的具体过程与两者在轨道上的相位及数据大小等因素有关。如果火星与地球中间隔了个太阳，那就需要架设中继卫星，在中间"协调"一下，才能解决。如果没有太阳的遮挡，火星与地球之间便可以实现直接通信。

一般来说，航天器上会携带多种通信设备，既可以直接通信，也可以间接通信。多种通信方式并存的方法，可以减小航天器失联的概率。

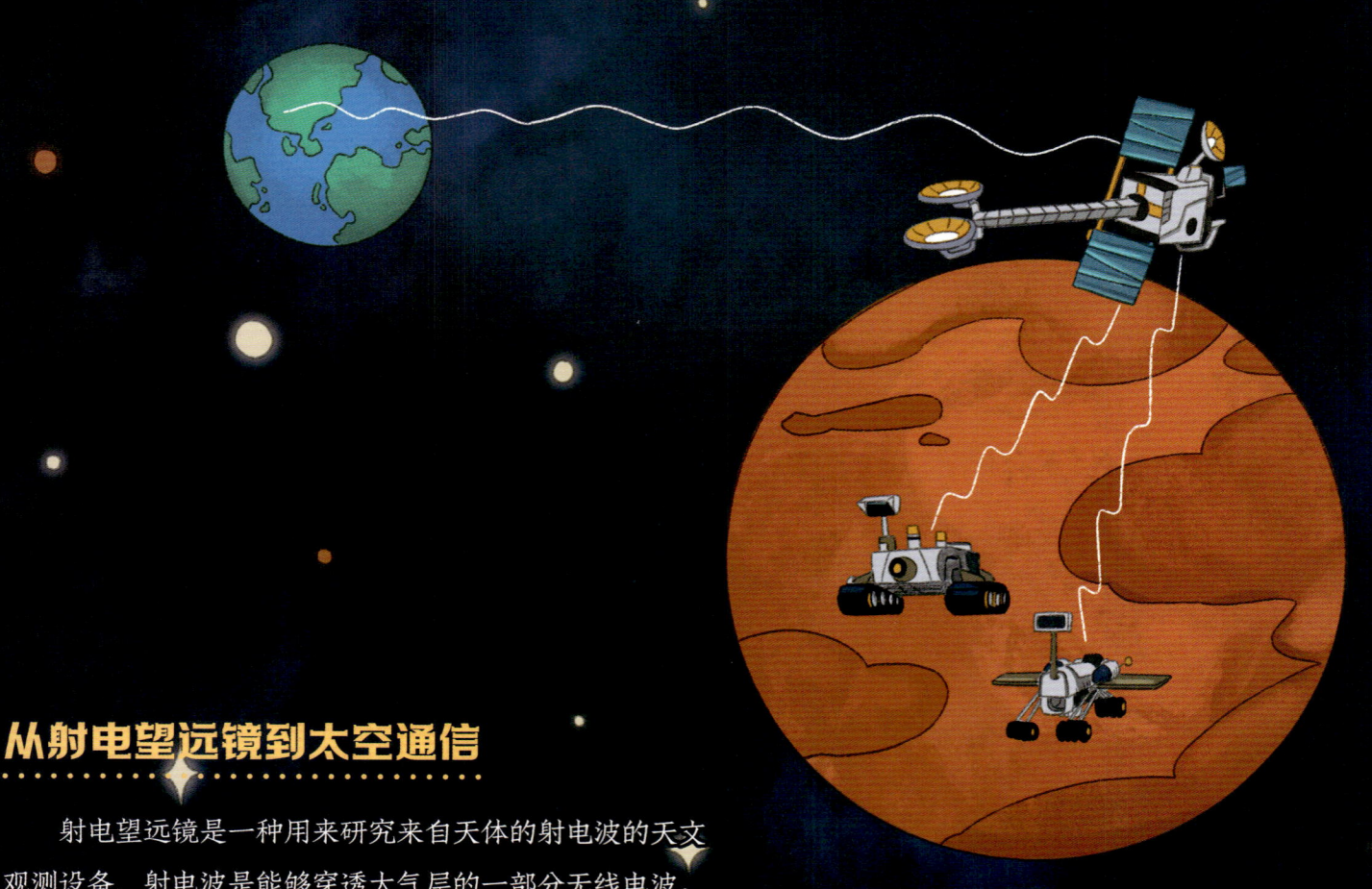

从射电望远镜到太空通信

射电望远镜是一种用来研究来自天体的射电波的天文观测设备，射电波是能够穿透大气层的一部分无线电波。射电望远镜除了能够观测天体，也能够被设计用于接收或发射通信信号。射电望远镜这类设备在用于通信领域时，也常常被叫作"天线"。

粗略来讲，天线的通信能力与天线的尺寸及功率直接挂钩。天线的尺寸越大，接收信号的效果就越好；天线的功率越大，发射信号的能力就越强。不过，受技术与成本等因素所限，航天器能携带的通信天线往往不会很大，我们一般会选择在地面上建设大口径、高功率的通信天线，以弥补航天器在通信上的不足。

如果你想感受下能够用于太空通信的"天线"究竟有多大，可以去北京的密云水库北侧看看。那里有密云射电天文观测基地，矗立着多台巨型通信天线，它们为中国的"天问一号"火星探测任务和嫦娥探月工程提供了部分通信服务。

遍布全球的测控网络

从理论上来讲，联络距离越远的探测器，所需要的天线的口径就越大。对于一般近地轨道，10 米之内的设备足矣；但对于探月工程，可能就需要 50 米级别的设备了。此外，由于地球是圆的，且电磁波无法穿透地球，因此如果只有一个通信天线，那必然很多时候无法联络到探测器。

不过，俗话说"办法总比困难多"，一架天线不行，多用几架可以吗？还真行。这种能够与航天器进行信息交换的专用系统也被叫作深空测控网络。以我国为例，除了密云的"大锅"，我国的深空测控网络还包括位于黑龙江佳木斯站的 66 米天线、位于新疆喀什的天线阵列、位于云南昆明的 40 米天线等。我国甚至还在远在地球对面的阿根廷布局了一台 35 米的天线。类似的深空测控网络，美国也有部署。如果全球的测控网络协同工作，将会使太空通信的能力更加强大。

深空航天器

通信网

深空任务飞行控制中心

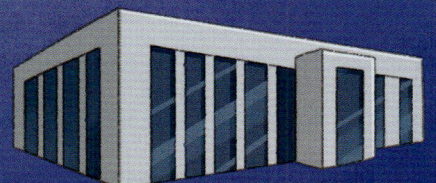

地面深空测控站

地面深空测控站

紧张地靠近火星

最危险的时刻

如果你以为经过漫长的 7 个月飞行，终于顺利靠近火星就可以安心的话，那你就大错特错啦，最危险的时候才刚刚开始。

高速运行的火星探测器在靠近火星时，需要通过长时间喷射尾气进行速度调整，才能被火星所捕获，进而精准切入环绕火星轨道，环绕火星飞行。这种猛烈的变速过程可以说是火星探测任务中技术风险最高、难度最大的环节了。

一般来说，探测器被火星捕获的机会是唯一的，一时失败就是永久失败，没有重来的机会。因此变轨的时机非常重要，太早有可能直接坠毁在火星上，太晚则可能会与火星"擦肩而过"。

理论上来说，如果探测器错过被火星捕获的时机，脱离了火星的引力束缚，继续围绕太阳运转，也可以选择耗费数年时间等待下一个进入火星轨道的机会。但是，漫长的等待时间会增加很多不确定性，设备的使用寿命也有限，这种情况通常会被视为任务失败。

但即便顺利进入火星轨道，想要着陆火星仍然有很多挑战。

超长的通信时间

火星和地球之间的最小距离有 5500 万千米，而无线电波的传播速度是 30 万千米/秒，也就是说，火星与地球之间的单向太空通信需要至少三分多钟。但实际上，在大部分时间里，地球与火星之间的距离都大于这个最小距离。因此，火星探测器与地球之间的双向通信，也就是一来一回，通常就需要十几分钟。

这段超长的通信"延迟"会给火星之旅带来很多不可控的因素。比如，在探测器变轨时，如果通信指令在时间上出现失误，探测器将可能失控、坠毁在火星或飞出预定轨道。人类历史上，火星探测任务的失败率高达 50%，是风险最高的航天任务之一。

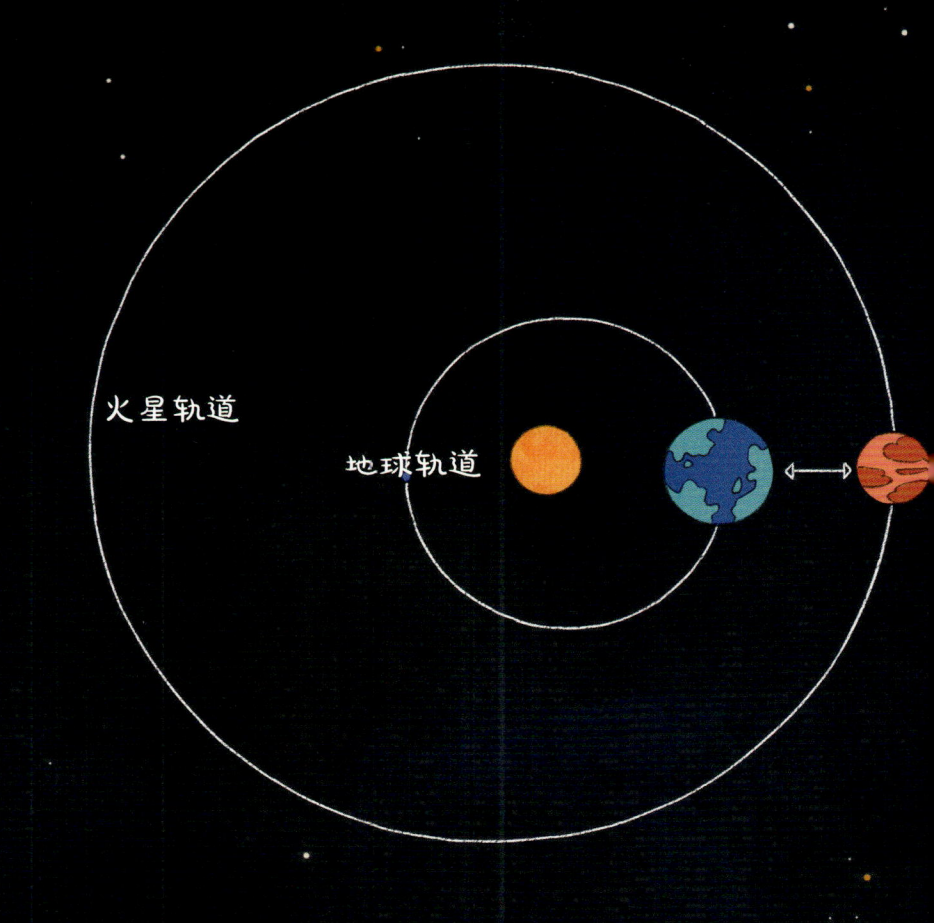

生死七分钟

探测器成功被火星捕获后，下一步就是准备着陆火星，这个过程又会遇到哪些问题呢？

首先，整个着陆过程一般只持续 7 分钟，而刚刚我们也谈到了，我们与火星探测器之间一来一去的双向通信就需要十几分钟。这也就意味着，地面的人员在火星着陆这件事情上几乎属于"睁眼瞎"。想要成功着陆，只能依靠探测器自身的自动控制程序。

此外，火星探测器在着陆火星的过程中，会遇到"无线电黑障"问题。这是因为火星上存在大气，当火星着陆器与火星大气剧烈摩擦时，会产生巨大的热量，高温区内的气体和返回舱表面材料的分子会被分解和电离，形成一个等离子区。这些被高温电离的等离子体能吸收和反射通信信号，会极大地干扰探测器与外界的通信信号，甚至使信号中断，即无线电黑障。类似的情况在航天员返回地球时也会出现。

目前，还没有技术能完全克服这种无线电黑障问题，因此探测器在着陆火星的过程中，很可能只有完全着陆之后，我们才能联系到探测器。这无疑也增加了着陆的风险。

安全着陆

着陆器分离

火星着陆器穿过无线电黑障区后，安全降落在了火星平坦的乌托邦平原的南部预选着陆区。接下来要做的，就是让火星车与着陆器进行分离。

首先，要确保火星车与地球之间的通信功能正常。留在火星上空的环绕器也会进入中继通信轨道，为火星车通信建立稳定的中继链路，陆续将数据传回地球。

然后，我们需要观察着陆器的坡道机构是否展开正常，火星车能够测量地表的雷达是否完好，避障相机是否能正常工作，前进方向的地形是否清晰。

一切检查完毕后，地球会对火星车发布指令，火星车驶离着陆平台，开始巡视探测工作。

着陆火星的三种方式

中国的"祝融号"火星车采用的是"反推着陆腿式"着陆方式。这种着陆方式虽然比较复杂且成本高，但可满足质量比较大的探测器进行软着陆的需求，着陆的精度也比较高。

反推着陆腿式着陆过程包含降落伞缓冲、缓冲发动机反推、着陆腿方式着陆等步骤。着陆腿在着陆时会起到一定缓冲作用，由此平稳落地。

此外，还有两种比较常见的着陆方式，一种名为"气囊弹跳式"，一种叫作"空中吊机式"。

气囊弹跳式的成本较低，是一种采用气囊包裹住探测器，使其在刚着陆时高高弹起，再经过多次弹跳，逐渐降低弹跳高度，最后在火星表面着陆的着陆方式。这种方式的缺点是只能满足质量小的火星探测器的软着陆要求，且着陆精度不高。美国的"机遇号"火星车采用的就是气囊弹跳式的着陆方式。

空中吊机式的成本非常高，着陆方式复杂，对技术要求严苛，但可满足质量更大的探测器的软着陆要求，着陆位置也最为精确。空中吊机式着陆方式需要在探测器降落到一定高度时，缓缓放下系绳，使探测器缓缓靠近地面，同时车轮和车底支架展开，最后车轮安全触地，完成着陆。美国"好奇号"和"毅力号"火星车都采用这种着陆方式。

成功着陆的案例

人类在尝试登陆火星的过程中，大约只有一半的探测器成功完成任务。在我国成功开展"天问一号"火星探测任务之前，全球大约有 20 个探测器尝试登陆火星，其中只有 10 个成功登陆。

1971 年，苏联向火星发射了"火星三号"探测器，它虽然成功登陆火星表面，但登陆后只运行了很短的时间就与地球失联了。

2003 年，美国向火星发射了"勇气号"与"机遇号"两个探测器，二者均于 2004 年成功登陆火星表面。勇气号一直工作到 2011 年，机遇号一直工作到 2019 年，二者均因与地球失联，宣布退役。

2020 年，美国向火星发射了"毅力号"探测器，并于 2021 年成功着陆火星表面。毅力号是登陆火星最成功的典范之一，它带着一架无人飞机"机智号"，实现了无人机在火星上的首飞，目前仍在服役中。

第五章

第四章谜题答案：反推着陆腿式。

　　小栗子和不不选择反推着陆腿式方案，终于降到了火星地表。

　　"小葡萄！小葡萄！能听见吗？"小栗子一落地，就在对讲机里喊，但是没有得到回复。小栗子焦急地说："该不会出什么事了吧？"

　　不不宽慰他道："咱们亲眼看见小葡萄的球舱落地之后朝那边滚去的，当时看不会有事。咱们过去找找就知道了！"

　　他俩驾驶着火星车，向前行驶。

　　小栗子说："零一，调出火星导航！"但没有零一的声音。"零一，零一！"小栗子又呼叫了两遍，还是没有声音。

　　"唉，看来没办法远程调动零一了。那咱们就自己找路吧！"

　　他在腰包里翻来翻去，找出一个拳头大的圆球，对着圆球说："格里希球，呈现：火星，请定位！"

　　小栗子手里的圆球闪了三下，原本灰色的表面变成了火星表面的橙黄色。在火星靠近赤道的某一点，有亮蓝色的光点跳动，蓝色光点周围的地形会显示得更为精细。一眼可知，那就是他们所在的位置了。

　　"哇！"不不赞叹道，"你们的工具都好厉害啊！"

　　"那是！银河学院什么都能造出来。"小栗子说，"这是我把设计图给一个师兄，他帮我做出来的。可以呈现太阳系八大行星任何一个的地图。"

　　"哇！我还没发明过自己的工具呢！"不不叹道。

　　"会有机会的！"小栗子启动火星车，"等你下次去银河学院，你就可以试试。"

　　"可我还不知道怎么发明啊。"不不嘟囔着。

"你问樱桃舰长,她什么都知道。"小栗子说,"坐稳了,我开动了。"

车子启动后,他们发现在火星行动一点儿都不容易。火星既不像月球重力那么小,也不像地球上的道路那么平整,表面的石块和沙砾相当粗糙。

"哎哟哎哟哎哟喂!这破路面!"不不一路嚷嚷着,"我都要被颠散架了!"

小栗子把格里希球塞到不不手里,说:"你查查咱们怎么走,顺便可以查查,火星上这都是什么破石头!"

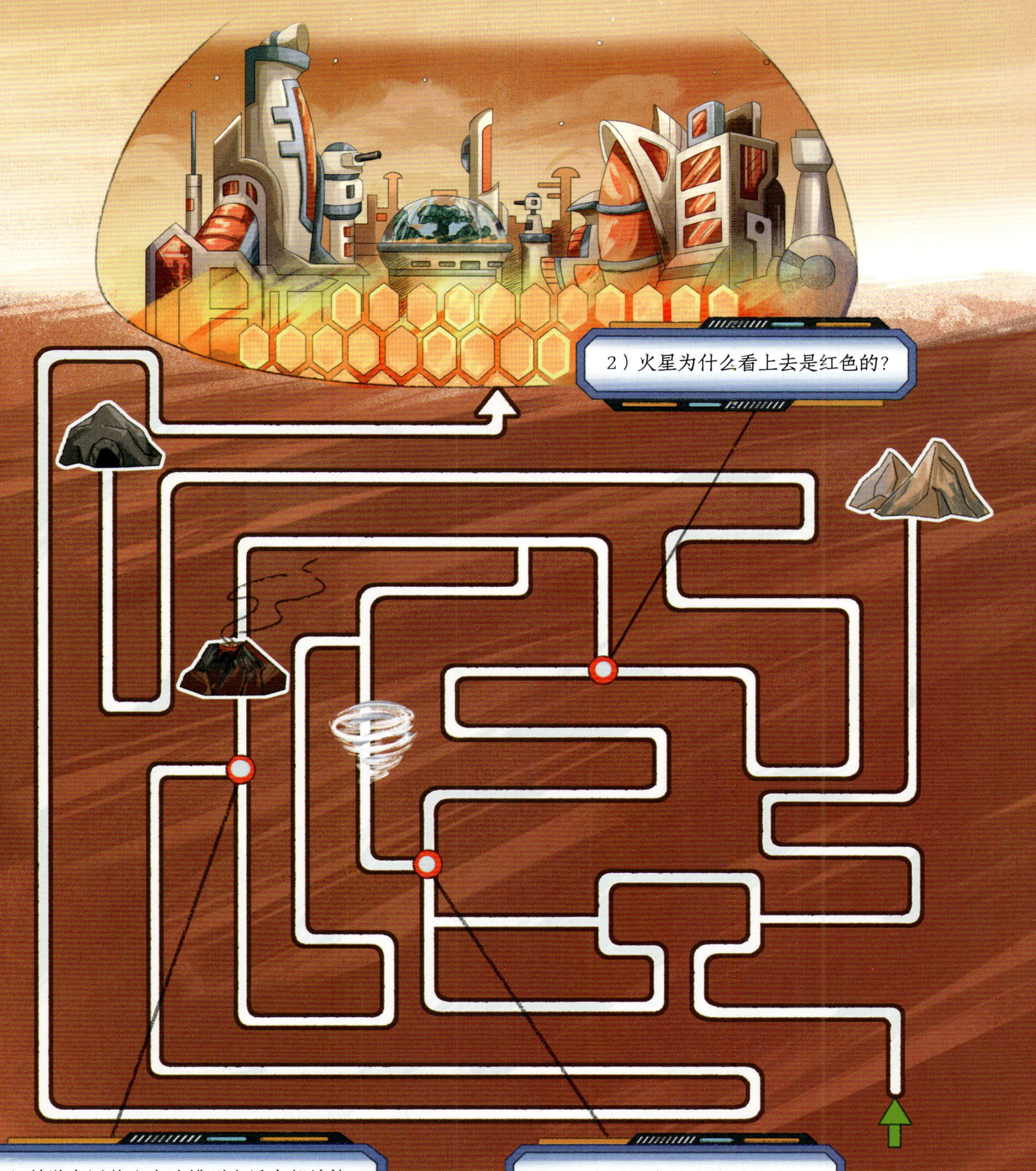

2)火星为什么看上去是红色的?

3)科学家用什么方法推测火星内部结构?

1)火星最高的山峰叫什么?

答案参见第55页。

45

火星的地形地貌

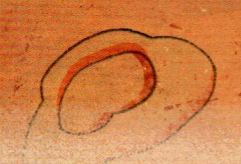

火星的南北分界

如果你仔细观察，就会发现火星的地形图上有着非常明显的南北差异。南方是布满深坑的高原，其中大部分地区的海拔都处在火星基准高度线以上；北方则相对平坦，没有什么深坑，大部分地区的海拔都在火星基准高度线以下。

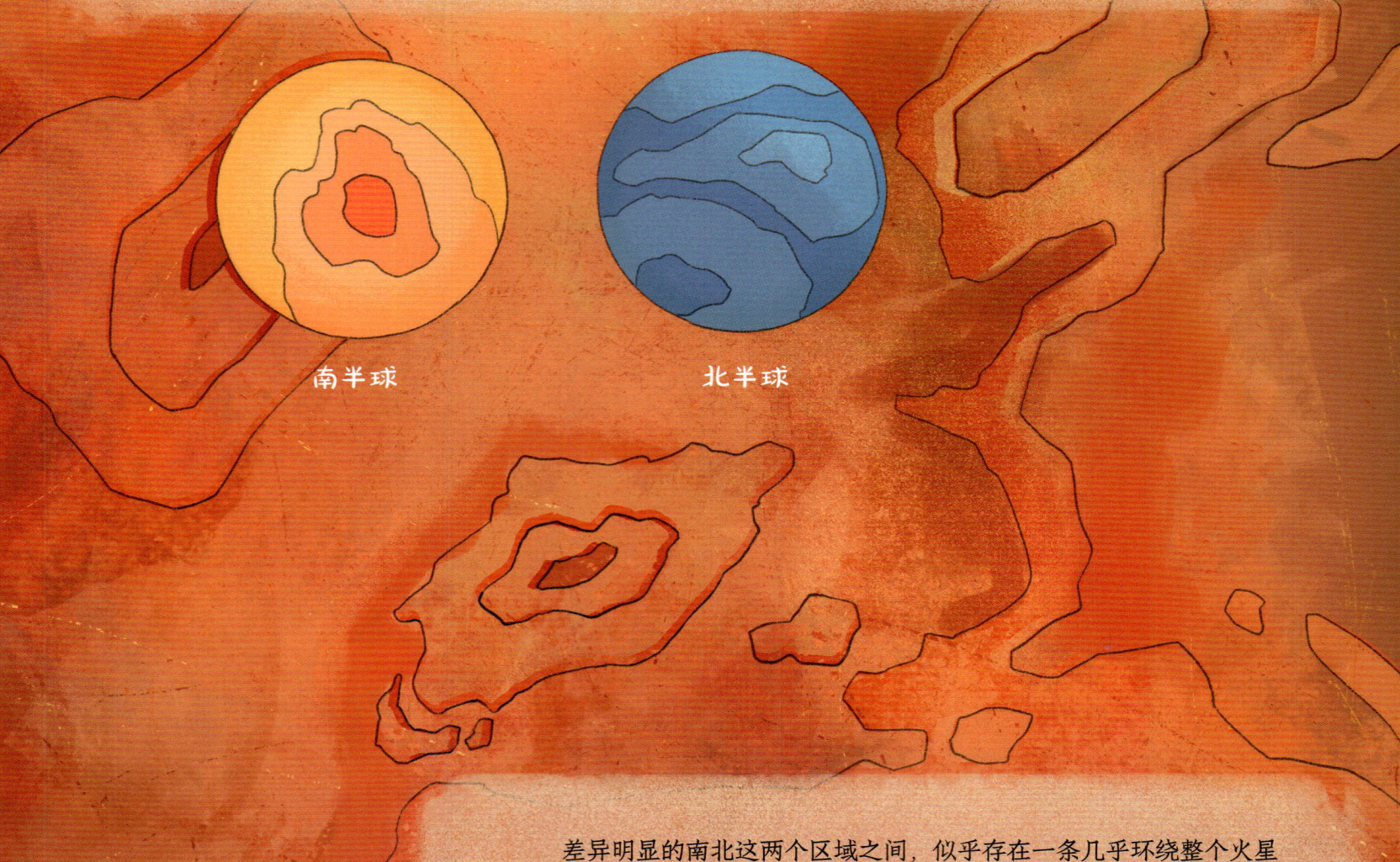

南半球　　　　　北半球

差异明显的南北这两个区域之间，似乎存在一条几乎环绕整个火星的巨大的分界线。这条分界线清晰可见，实实在在地用悬崖绝壁的陡峭边缘"绘制"在了火星表面，而非像地球赤道这样的虚拟线。

这样的分界线是如何产生的呢？目前有几种假说。有人认为是地貌作用造成的，也有人认为是多次陨石撞击形成的。不过截止到目前，还没有定论。

越来越黑的火星

在对月球进行观测时，我们会发现月海和月陆的颜色有明显区别，这是由于不同矿物的反照率不同。月球上这些明暗分布的位置，在上亿年的时间里，都没有太多变化。火星却不一样，不要说上亿年了，如果你对比之前探测器传回的火星资料就会发现，火星表面有大片区域在过去30年里"变黑了"。

科学家猜测，这种变化可能与火星上的气候变化有关。反照率是描述天体表面反射光线的能力，而这与天体的颜色也存在一定关系。黑色的区域会造成火星吸收的热量增多、火星表面气温升高、风的强度增大、尘暴增强等一系列连锁反应，这一系列反应可能与反照率之间产生正相关，使火星变得越来越黑。

有趣的地貌结构与命名方法

早在人类发射火星探测器之前，天文学家们就开始尝试绘制火星地图了。不过那个时候的天文学家并没有为火星上的各地形进行命名。

意大利天文学家乔范尼·夏帕雷利在火星七次冲日期间对其进行了详细观测，并开始对火星上的一些"海洋"和"大陆"进行命名。他绘制的火星地图中所使用的地形名字被广泛接受，有一部分至今仍在使用。

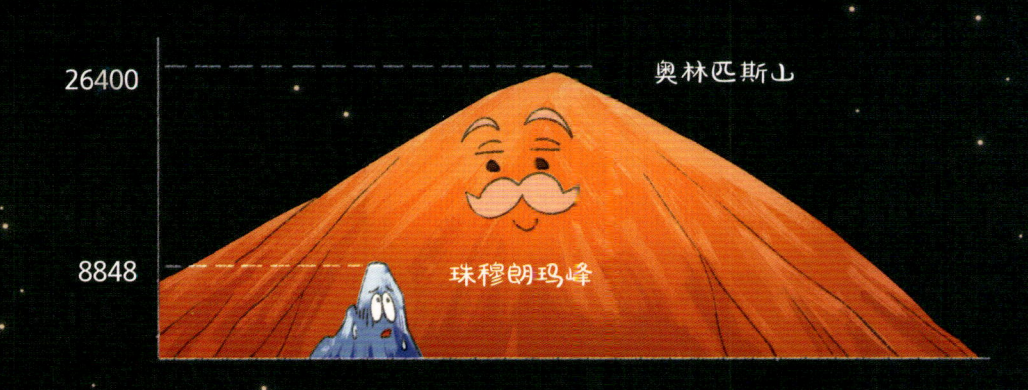

火星地名有多种来源，有一部分保留了传统名字，另一部分随着真正性质的发现而更新名称。例如19世纪，火星上的最高山被天文学家命名为奥林匹斯山，这是一座盾状火山，也是太阳系中已知最高的山，高度是地球上的珠穆朗玛峰的两倍多。而火星上最大、最长，同时也是太阳系中目前已知的最大的峡谷，被命名为水手峡谷。这个名字来源于火星探测器水手九号。

火星的水文环境

宇宙中的水

科学家每次在地球以外的星球上发现水的存在，都会有一番热烈的讨论。这是因为，就目前人类对生命的认知而言，水是必不可少的。存在水的地方，就有存在生命的可能性。

早先，人们认为月球上黑暗的部分像海洋，但这种幻想随着人类登月梦想的实现不攻自破了。月球非常荒凉，别说海洋，连河流都不存在。这种认识上的更新，让很多人误以为水在太阳系中并不常见。

如果你也这样想，那就跟我一起刷新一下宇宙观吧。

近些年来，随着人类探测器的陆续发射，科学家在太阳系的多个星球上找寻到了水的痕迹。比如，月球上虽然没有海洋，但科学家们发现在一些月球环形山的底部存在水冰。木星的第二颗卫星欧罗巴上，覆盖着一层厚厚的冰层，冰层裂缝上还出现过类似巨大喷泉的现象，这让科学家猜测，在欧罗巴的冰层下面，很可能隐藏着一个巨大的地下海洋。此外还有证据表明，太阳系外围的彗星也可能携带大量的水冰。

这一切都告诉我们，水在宇宙中并不稀有。

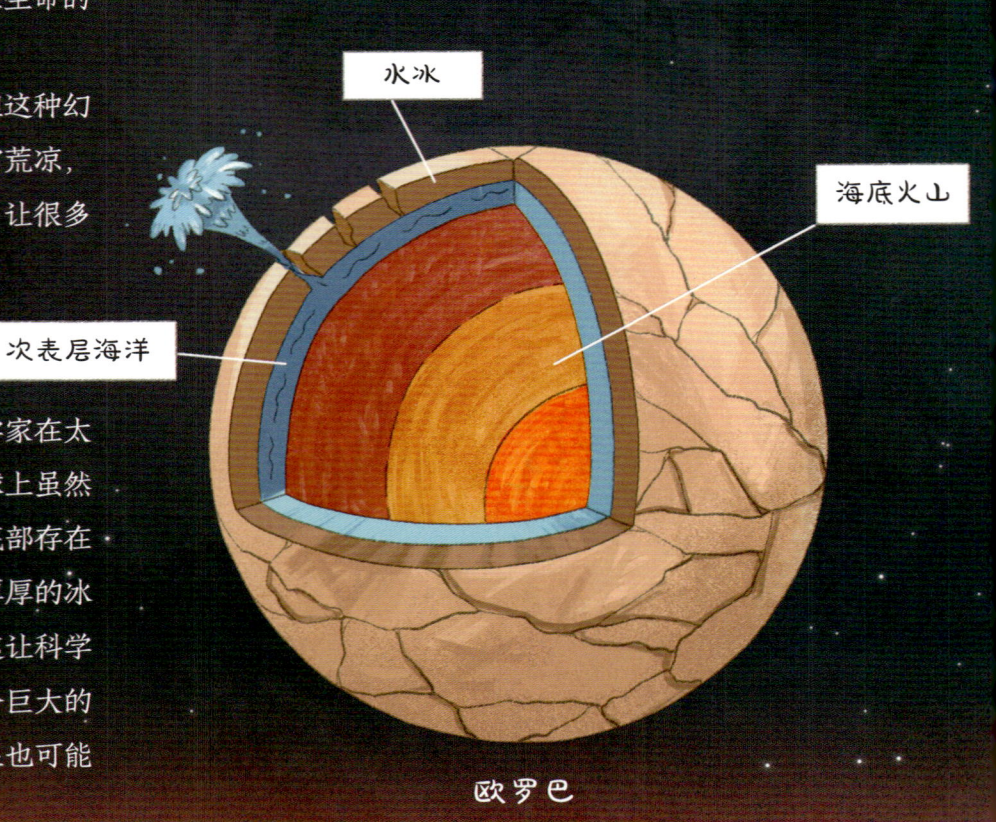

水冰
海底火山
次表层海洋
欧罗巴

火星上的水

据我们现在对火星的认知，火星上不仅有水的存在，而且有很多的水。不过，火星上的水和我们在地球上常见的液态水不同。

我们知道，水存在三种状态：固态、液态和气态。火星在温度及大气压条件上都与地球相差甚远，这导致火星上的水多以固态冰和水蒸气的形式存在。其中，火星南北两极的极冠中就含有不少固态水，探测器也在火星稀薄的大气中检测到了水蒸气。近些年，科学家结合火星探测器的雷达回波，推测火星的一些冰盖下面可能存在液态水。不过现阶段还都是假设，我们需要更多的证据。

火星上有生命吗？

既然找到水，就有可能找到生命。那科学家们有没有发现火星生命呢？截止到目前，还没有。毕竟水只是生命产生的一个条件，而非有水就一定有生命。一些科学家认为，火星表面的冰盖温度太低，所以不会产生生命。而对于一些液态地下湖，它的咸水也可能与土壤混合从而形成污泥，这对生命来说并不友好。因此，在火星寻找生命，可能比我们想象中要更艰难。美国的海盗号探测器、好奇号火星车等，都尝试对火星生命进行搜寻和评估。未来几年，欧洲和美国等国家地区也会继续发射探测器，用于寻找火星上的生命。

火星的地质特征

火星为什么那么红？

通常来说，太阳系中的星球都形成于同一片起源地，因此各个星球的元素组成基本是相同的。比如，地球上有金、银、铜、铁、铝等元素，那火星上大概率也会有。不过由于各星球形成的时间、位置、所经历的演化过程不同，因此每个星球所含元素的比例、化合物的成分以及结构都会有很大差异。

那么，距离我们如此遥远的火星，科学家又是如何分析其元素组成的呢？主要有两种方法：其一，可以借助火星探测器的科学仪器进行探测、分析；其二，可以借助坠落在地球上的火星陨石进行成分分析。虽然其他星球的陨石在抵达地表的过程中会有所损耗，但地球实验室中的设备往往比探测器上的更大型、更精确，因此也能得到较为可靠的数据。

根据这些探测数据，科学家发现构成火星岩矿物的主要成分有硅、氧、铁、镁、铝、钙、钾等元素。这些元素组成了橄榄石、辉石、斜长石等矿物，其结构与地球上的一些矿物类似。火星的大部分表面都覆盖着一层细细的尘埃，部分尘埃还带有磁性。此外，火星上的层积岩分布广泛，由原生玄武岩矿物通过热液蚀变和风化等作用而产生的次生矿物也有所分布。

很多同学会问：火星为什么是红色的呢？这是因为火星地表大量的铁元素与氧元素反应形成了红色的铁氧化物，铁氧化物是红色的，所以火星看起来就是红红的。

火星的地质年代

我们知道，地球有侏罗纪、三叠纪等地质年代。那火星的地质年代是如何确定的，又是通过什么来划分的呢？

一般来说，火星的地质年代有两种划分方式。

第一种是通过撞击坑的密度进行划分。自太阳系诞生以来，太空中的小行星随着时间的推移，渐渐被清空，撞击的频率也越来越低。根据这种现象，科学家们反向推导，星球上撞击密度越高的地方，地质年代可能就越久远。依照这个方法，火星的地质年代分为前诺亚纪、诺亚纪、赫斯珀里亚纪和亚马孙纪四个阶段。

第二种是根据不同矿物的形成方式及年代进行划分。科学家根据目前获取的火星矿物的分析数据，将火星分为硅期、硫期和铁期三个年代。在这个划分方式中，现在的火星处于铁期，其火山活动基本处于停止状态。

火星的火山活动

　　火星上的奥林匹斯山是太阳系最高的山峰，也是最大的盾状火山。类似的盾状火山在火星上还有许多。很多人一想到火山，脑海里就会浮现富士山这样的锥状火山。盾状火山与深入人心的锥状火山有着不同的形象，盾状火山的山体底部较大，具有缓坡，整体看起来就像一个盾牌。地球上也有盾状火山，夏威夷群岛的莫纳克亚山就是地球上最著名的盾状火山之一，那里有着世界上顶尖的光学天文观测基地。

　　火星上的火山，大约从 37 亿年前的诺亚纪一直活跃到 5 亿年前的亚马孙纪晚期。很长一段时间以来，科学家都认为火星上的火山基本处于静止状态，但最近的研究表明，火星上的有些火山可能仍然处于活跃的状态。

火星的内部

向火星地下进发

在探索地球内部时，科学家主要依靠地震波。但火星离地球太远了，我们很难在火星上安装足量的地震仪，因此在很长的一段时间里，地震波在火星的内部构成的研究上都难以"大展拳脚"。

那么，如何探知火星的内部结构呢？在研究宇宙的众多分支中，有一门学科叫作行星科学。行星科学是研究行星、卫星及行星系（特别是太阳系），以及它们形成过程的科学。通过行星科学的相关研究，科学家发现火星和地球都是岩质行星，因此推测它们可能在内部构成上存在相似性。粗略来说，就是通过类比的方式研究火星的内部结构。

在行星科学的基础上，科学家可以通过火星在轨探测器的计算数据，以开普勒第三定律等物理规律计算火星的质量。再根据火星的质量，模拟不同内部构成所造成的不同的自转情况，并进一步结合火星的转动惯量数据，推测出火星内部可能的分层结构。

"火星全球勘测者"是首个开展详细的火星全球地形、重力、磁场等勘测的火星探测器。

火星的内部结构

目前的观测结果证明，火星的内部分层与地球相似，也分为壳层、幔层和核区三部分。其中，壳层平均厚度为50千米，北方低洼地区厚40千米，南方高原地区厚70千米，比地球略厚。壳层包覆着由硅酸盐构成的幔层，这

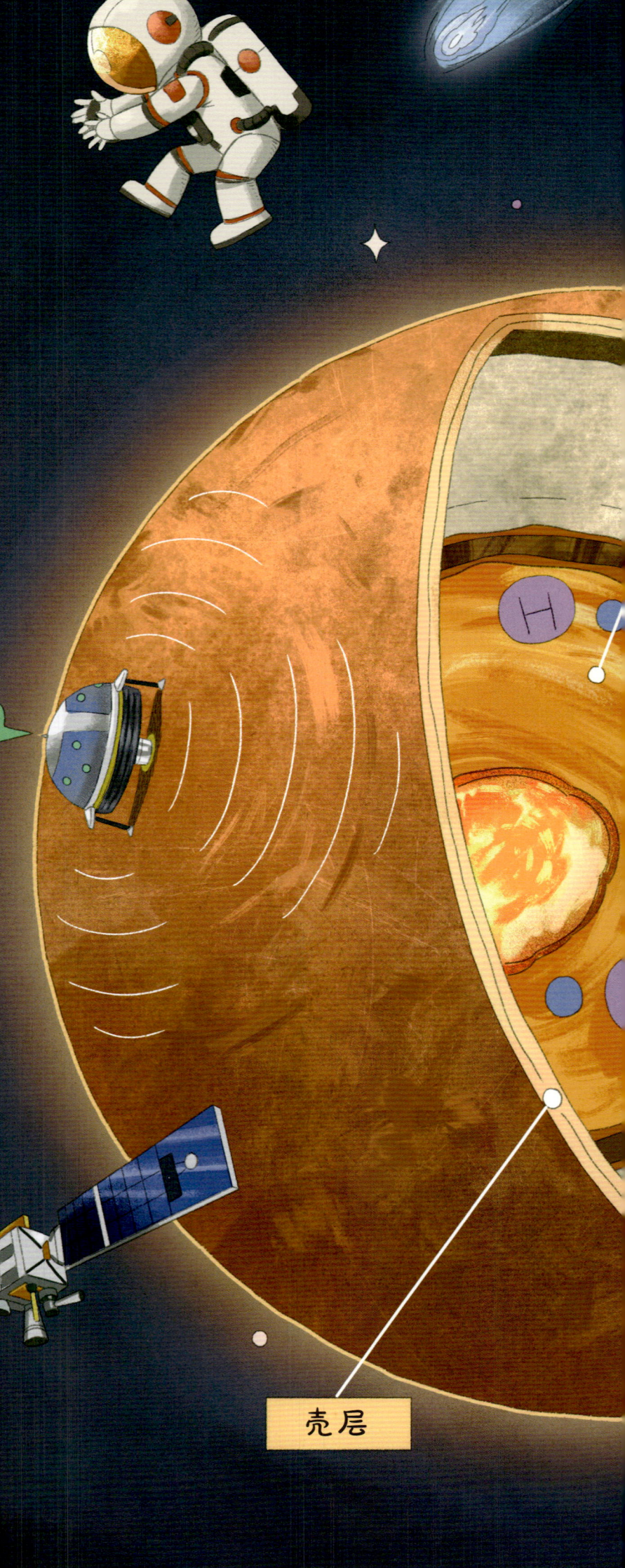

核区

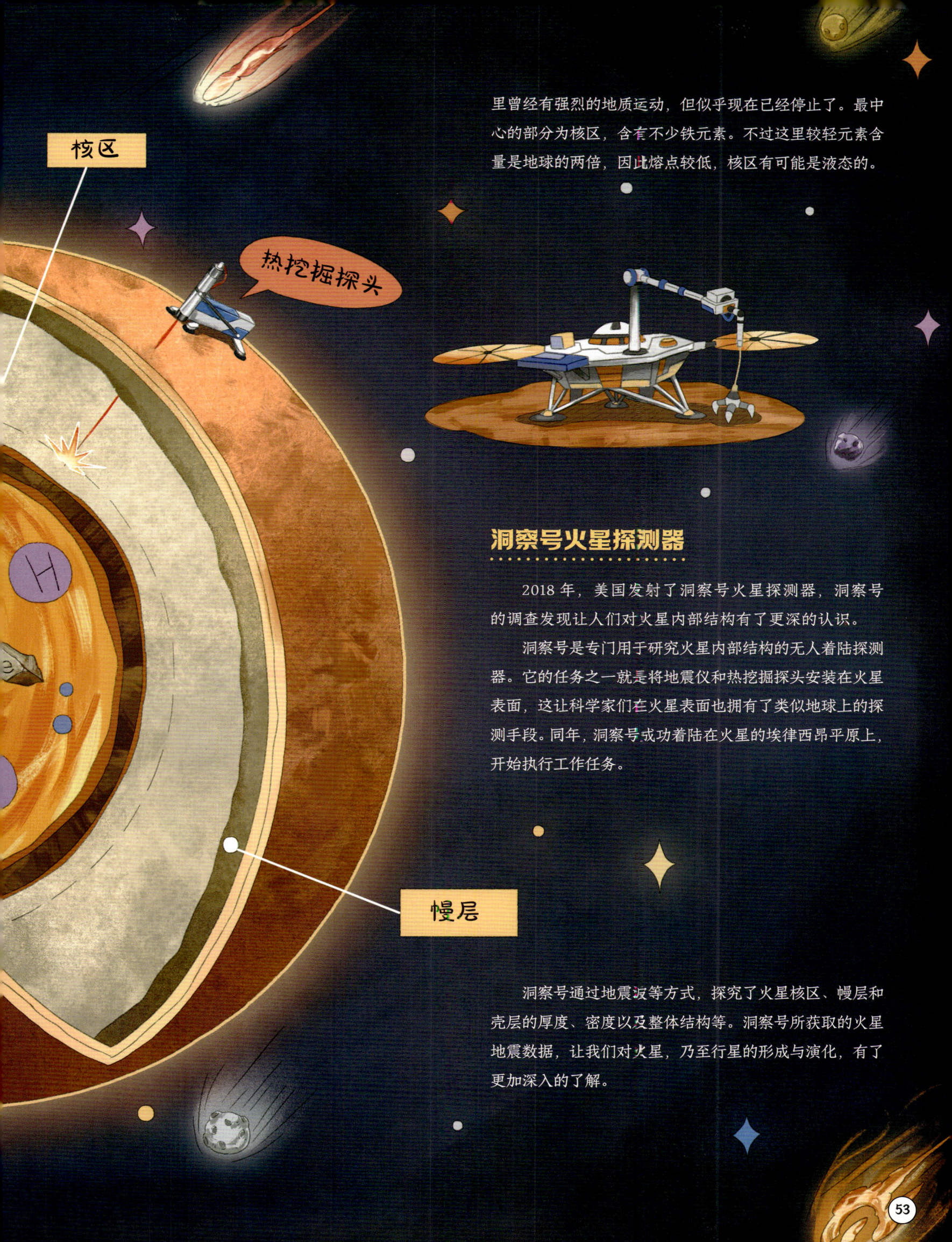

热挖掘探头

里曾经有强烈的地质运动，但似乎现在已经停止了。最中心的部分为核区，含有不少铁元素。不过这里较轻元素含量是地球的两倍，因此熔点较低，核区有可能是液态的。

洞察号火星探测器

2018年，美国发射了洞察号火星探测器，洞察号的调查发现让人们对火星内部结构有了更深的认识。

洞察号是专门用于研究火星内部结构的无人着陆探测器。它的任务之一就是将地震仪和热挖掘探头安装在火星表面，这让科学家们在火星表面也拥有了类似地球上的探测手段。同年，洞察号成功着陆在火星的埃律西昂平原上，开始执行工作任务。

幔层

洞察号通过地震波等方式，探究了火星核区、幔层和壳层的厚度、密度以及整体结构等。洞察号所获取的火星地震数据，让我们对火星，乃至行星的形成与演化，有了更加深入的了解。

第六章

不不和小栗子驾驶火星车往刚才看到小葡萄球舱弹跳的方向开了好一阵,却没看见小葡萄的球舱。按理说火星上一马平川,没有地方躲藏,球舱能到哪儿去呢?

这时,不不忽然发现地上有一些东西和周围的石头非常不一样。"小栗子,你看,那是什么?"

小栗子把车子转了个向,驶到那些东西旁边。他们一看,惊呆了,地上竟然是好几坨大便!

火星上怎么会有大便?这是谁的大便?不是说火星上没有发现生物吗?他们想起下飞船之前还在说着纸尿裤的事情,更觉得不可思议。这几坨大便"体形"巨大,一看就不是人类的粪便,难道是僵尸星球的怪兽?小葡萄该不会被抓走了吧?

他们越想越觉得心惊,迅速开足马力继续向前追赶。前方就是火星大峭壁了,层叠的高山组成屏障,山间道路不知道通向何方。

"上次咱们见到僵尸星球的兔子,都是机器兔子,怎么会留粪便?"不不疑惑道。

"也许这次是有更多僵尸星球的生物来了。"小栗子说,"那就更可怕了。小葡萄有危险!咱们得快点儿了。"

忽然,一阵黄沙挡住了他们的视线。虽然戴着头盔,但他们还是本能地闭眼躲避了一下。

"火星上怎么有风沙?"不不奇怪道,"火星上的空气不是非常稀薄吗?"

"是非常稀薄,"小栗子点点头,"但我听说,火星上还有沙尘暴呢。或许是因为……没有树木和其他东西,更容易卷起沙子吧。"

远处,更多黄沙卷了过来。

"咱们现在怎么办?是不是找个山洞躲起来?你估计还有多久能赶到高山那里?"不不问。

"你看看格里希球上的数据。"小栗子说。

不不低头查看,还要15分钟左右才能到高山那里。可目力可及的巨大风沙已经袭来,看上去还有三五分钟就会追上他们了。

"你还有什么神奇的工具可以帮咱们挡一挡风沙吗？"不不问。

小栗子有点儿尴尬道："呃……你从我腰包里找找，看有什么工具可用吧。其实，我也不太清楚每个工具有什么功能。"

"你——"不不很想捶小栗子一拳，但他知道此时没时间争论，还是赶紧看看工具包里有什么可用的工具吧！"

远处，沙尘暴快速来袭。

> 第五章谜题答案：
> 1）奥林匹斯山。
> 2）因为火星地表大量的铁元素与氧元素反应形成了红色的铁氧化物。
> 3）通过类比的方式。

火星的大气组成

观测火星大气

英国天文学家威廉·赫歇尔是最早观测火星大气的人。1784年，他在《哲学汇刊》上发表了一篇文章，指出火星上偶尔会出现较亮区域的移动，这可能是由于云和蒸汽造成的。1809年，法国天文学家奥诺雷·弗洛热尔格观测到了火星上的黄色云雾，并推测这可能是沙尘暴造成的。19世纪70年代，人们通过光谱仪进行观测，推测出火星大气的成分和地球有不少相似点。这些远距离的观测，让人们对火星的情况有了一定认识。

进入到20世纪后，无论是更先进的望远镜，还是抵达火星的环绕器与火星车，都能够更精确地测量火星大气的成分，让我们对这里有更深入的了解。

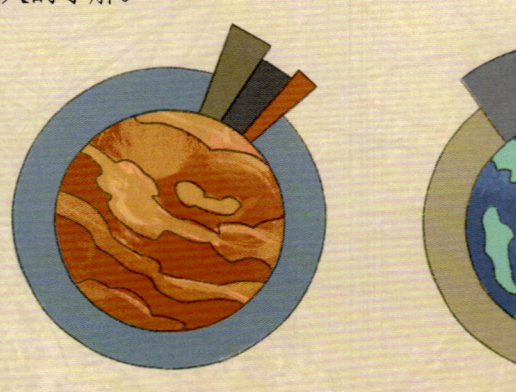

火星的大气组成

火星的大气层虽然比地球的大气层稀薄很多，但也不像月球那样稀薄到几乎是真空的状态。也就是说，火星上的大气层比地球的薄，比月球的厚。

火星大气层的主要成分是二氧化碳，其次是氮、氩，此外还有少量氧和水蒸气。地球大气层的主要成分则是氮和氧，其次是氩、二氧化碳、氖等，此外还有水蒸气等。对比可知，火星大气层的成分与地球相似，但各种成分的占比则大为不同。由于没有足够的氧气，在不借助设备的情况下，人类是无法在火星上呼吸的。此外，火星上有很多与地球类似的大气现象，如沙尘暴及云雾。

在火星活动

火星稀薄的大气层只能阻挡很少量的宇宙高能辐射。而人类诞生于拥有厚厚大气层的地球，过强的紫外线会灼伤我们的皮肤，其他的宇宙高能辐射也可能破坏我们的身体。因此，人类在前往火星时，需要用防辐射的着装包裹住全身，或者生活在防辐射的建筑、设备内部。同样的，火星上苛刻的宇宙高能辐射条件，也降低了孕育生命的可能性。

火星表面的平均气压为 600 帕，地球气压为 10 万帕，也就是说，火星的大气压力不到地球的 1%。这就要求，我们在火星上穿着的外出着装，不仅要能为我们提供可呼吸的气体，抵抗辐射，还需要平衡气压，以保护适应地球大气压的人类身体。

火星的大气结构

火星大气的垂直结构在许多方面与地球大气不同。通过使用热红外探测、无线电掩星、空气制动、着陆器探测等方式来推断，科学家们将火星的大气分为四层。第一层是对流层，高度在 40 千米以下，大部分火星天气现象都发生在这一层；第二层是 40~100 千米高度的中间层，里面的二氧化碳起着冷却剂的作用，可以有效地将热量辐射到外太空中；第三层是热电离层，最高延展到 230 千米的高度，在紫外线的作用下，这一层的温度随高度的上升而升高，最高能达到 390 开尔文，不过这个温度仍然低于地球的热层温度；最上面是外大气层，空气越往外越稀薄，直到过渡到太空，无明显外层边界。

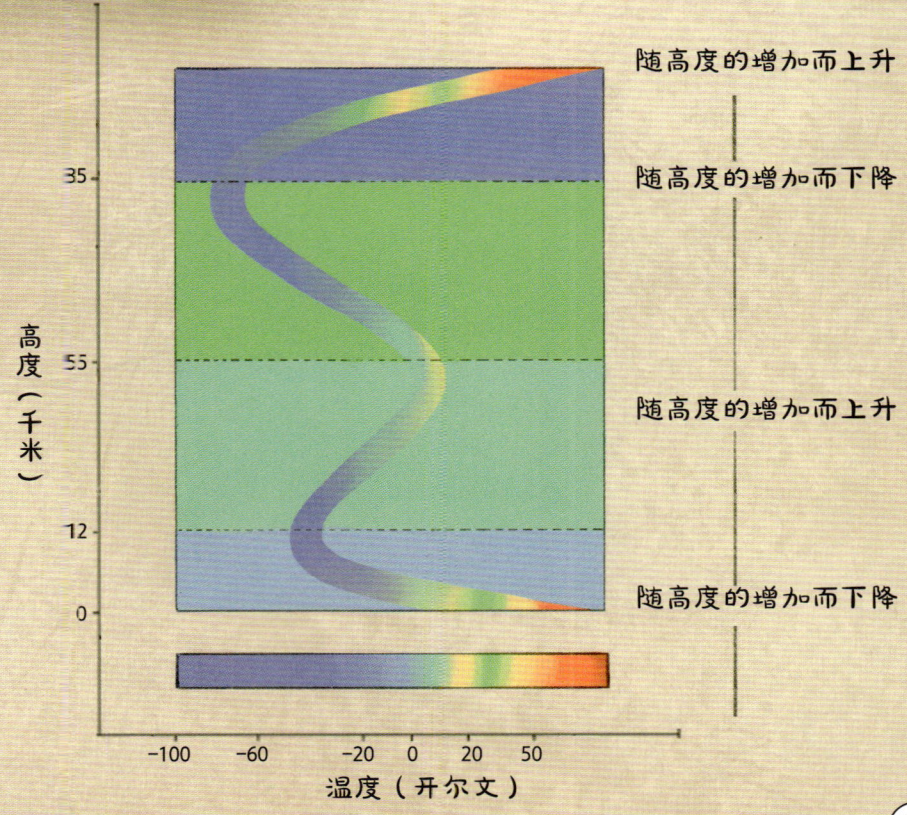

火星的气候条件

火星的温度

人类早在发射探测器抵达火星之前，就开始尝试采用射电望远镜等设备估算火星的温度了。火星探测器登陆之后，自然有了更精确的数据。由于火星与太阳的距离比地球与太阳的距离远，所以理论上来说，火星整体上的温度比地球低。

火星上不同地区的温度不一样，不同测量设备或不同计算方法也会导致测量的结果不同。一些火星车获得过30℃的温度记录，也测到过零下140℃的低温。火星的平均气温为零下63℃，这与地球表面约14℃的平均温度相比，的确冷得多。此外，由于没有地球那么厚的大气层，火星上的昼夜温差也非常大。

30℃

−63℃

−140℃

火星的季节变化

火星与地球一样，自转轴也是倾斜的，因此也拥有四季。不过地球的公转轨道更接近正圆，火星的公转轨道则更接近椭圆。因此，火星的远日点和近日点距离太阳的远近差距较大，会影响季节的长短。

当火星北半球进入冬季，南半球进入夏季时，火星位于公转轨道的近日点附近。随着时间的推移，火星驶离近日点，逐渐远离太阳，接收到的太阳辐射随之下降，最终导致火星南半球的冬季寒冷而漫长，夏季则温暖而短暂。

美国火星全球勘测者号探测器在连续记录四个火星年的数据之后发现，每个火星年的气候都基本相似。

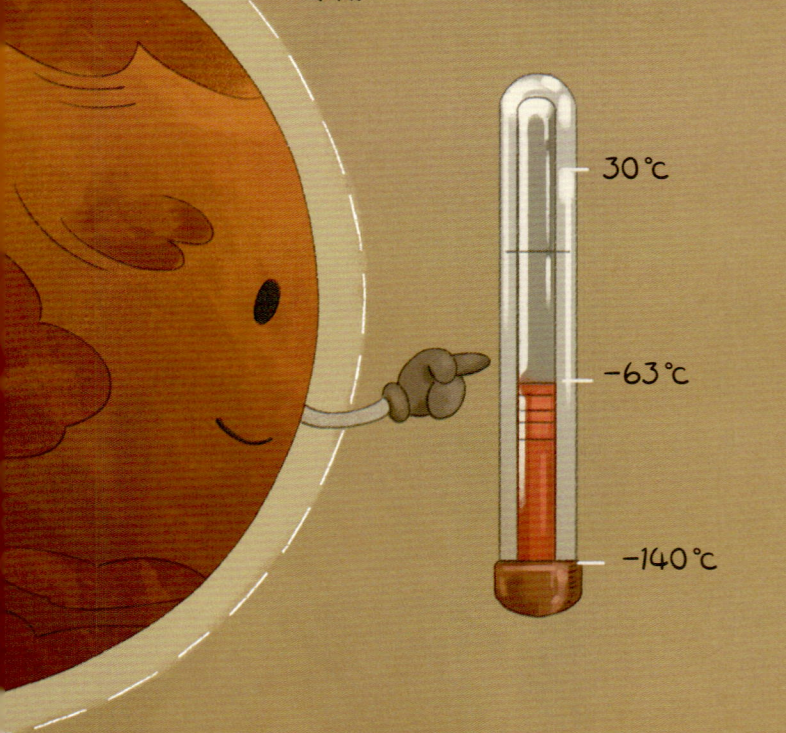

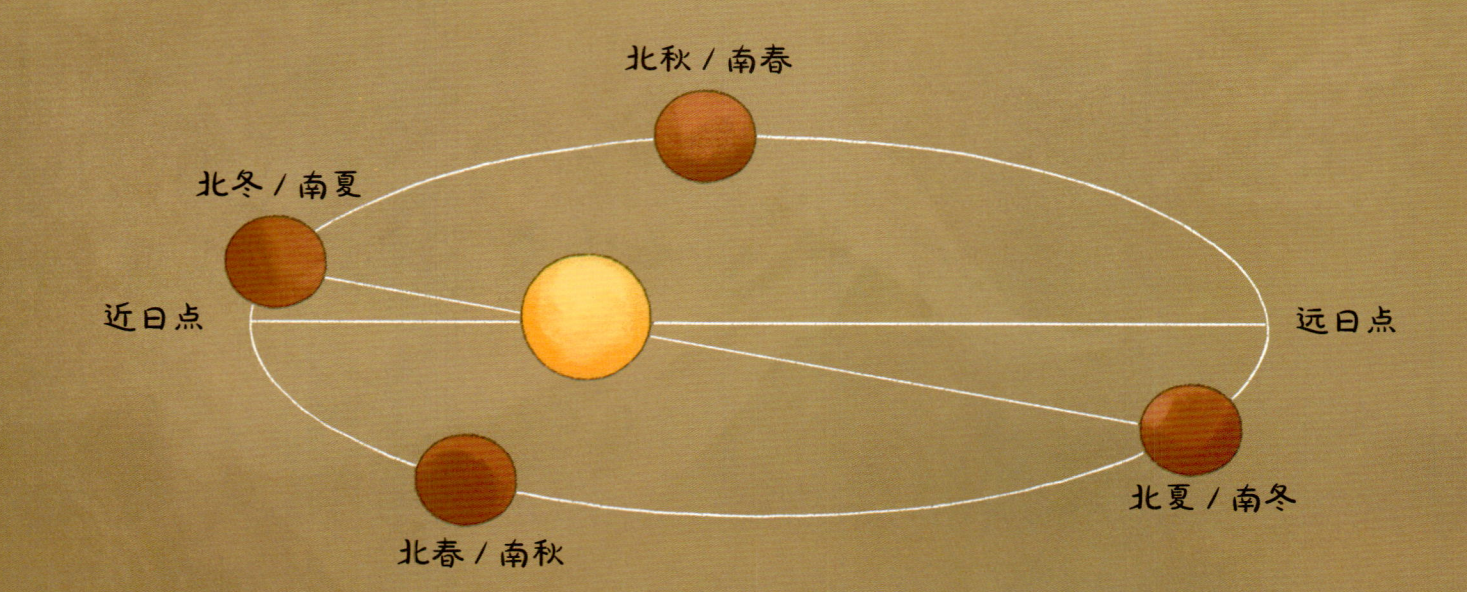

北秋 / 南春

北冬 / 南夏

近日点

远日点

北夏 / 南冬

北春 / 南秋

火星上的风云雨雪

与地球一样，火星的大气中也存在各式各样的天气变化。在地球上，海洋是造成天气变化的重要因素之一。相比地球而言，火星缺少海洋，其气候变化与地球也存在一些差异。

火星全球勘测者号自1999年开始，连续采集了火星的各项数据。科学家通过研究这些观测数据发现，火星上的天气重复次数较高，比地球更容易预测。也就是说，如果一个气象事件在火星一年的特定时间中发生，那么它就很有可能在下一年的几乎同一个时间再次发生。

那么，火星有没有地球上的风云雨雪等现象呢？自然是有的。在太空中，就时不时能观测到火星上空的云起。2008年，美国的凤凰号火星探测器拍摄到了火星上的降雪事件。降雪发生在接近凤凰号登陆地点附近的海姆达尔撞击坑之上，降雪云层的高度大约在4.5千米处。火星上的这次降雪在到达火星表面时就基本蒸发掉了，因此无法在火星表面观测到积雪现象。这种来自云层中的降水在到达地面前就蒸发的奇观，在地球上被称为幡状云。

火星的沙尘暴

被"烟雾"笼罩的火星

1971年，美国的水手九号探测器到达火星，全世界都期盼着能在电视机里看到清晰的火星表面细节。结果，人们只看到了被"烟雾"笼罩的朦胧火星。

原来，那时的火星正在发生一场几乎是行星尺度的沙尘暴。探测器基本只能看见奥林匹斯山的大概轮廓。这场沙尘暴自观测到起，又大概持续了一个月才终于停歇。

有趣的是，除了专门观测火星的探测器，盛产"宇宙美图"的哈勃太空望远镜在2001年也拍摄到了火星的沙尘暴事件。科学家根据观测资料推测，这场沙尘暴形成于火星的希腊平原，并在短时间内愈演愈烈，"摇身一变"成了火星上的全球性沙尘暴。

火星上的沙尘暴是极为明显的，明显到在地球上的我们用爱好者级别的望远镜就可以观察到。一些爱好者在拍摄火星表面时，就经常发现火星被蒙上一层厚厚的灰，无法拍摄到表面的细节，这可能就是因为沙尘暴。

火星沙尘暴的特点

火星上的沙尘暴有哪些特点呢？第一个特点，就是持续时间特别长。住在地球北方的同学，可能或多或少经历过沙尘暴。以北京为例，在每年春季北京有爆发沙尘暴的风险。不过这种沙尘暴往往持续1~2天就结束了。但火星上的沙尘暴，短则几周，长则数月，远比地球上的沙尘暴持续的时间长。

火星沙尘暴的第二个特点是覆盖范围广。有时，沙尘暴一发生，就会覆盖整个火星，这在地球上是不可想象的。

此外，火星沙尘暴也有比较明显的规律性，一般在火星通过近日点附近时，沙尘暴最为高发。

最后就是，虽然火星的沙尘暴很大，风速也能达到很高，但只能给人以"微风拂面"的感觉。这是由于火星的大气层非常稀薄，气压低，因此在高风速情况下也不会让人感觉狂风肆虐。

火星沙尘暴的危害

就目前而言，火星沙尘暴最大的危害就是对探测器的影响。2007年，一次全球性的火星沙尘暴对勇气号探测器造成了严重的威胁。勇气号探测器采用的是太阳能供电，而沙尘会遮蔽阳光，使得太阳能板提供的电能降低。科学家们不得不让上面的科学仪器停止运转，静待沙尘暴结束。可沙尘暴结束后，探测器又迎来了新的问题：太阳能电池板上积满了尘埃，导致其运行效率降低了不少。

为了应对火星上频繁的沙尘暴，美国国家航空航天局最新发射的毅力号探测器就携带了一块核电池。即使火星上刮起沙尘暴，毅力号也能继续进行探测工作。这也为之后火星基地的建设提供了思路。未来的基地供电方式，核能会成为必不可少的一部分。

火星的极光

绚丽的极光

如果你在火星上突然发现天上出现了许多彩色的图案，这些图案以幕布、线条、螺旋状或动态闪烁等多种形式出现，覆盖了大片天空，你会联想到什么呢？

极光！没错，如果你在火星上看到上述奇观，那恭喜你，你遇到火星上的极光啦。当太阳风中的带电粒子到达行星附近时，由于行星磁场的作用，它们在进入高层大气时，会与大气中的原子、分子发生碰撞及激发反应，释放出绚丽的光芒，这便是极光。

极光三要素：大气、磁场、太阳风

太阳系中所有的星球都会发生极光吗？并不是哦。

一个星球想要出现极光这种奇观，往往需要具备以下条件。

首先，极光是带电粒子与大气的反应。那么，想看到极光，这个星球就必须有大气层。月球几乎没有大气层，所以在月球上是看不到极光的。

其次，这个星球需要有磁场，磁场越强，极光往往也越强。木星的磁场就非常强，因此这里也有着太阳系最强烈的极光现象。

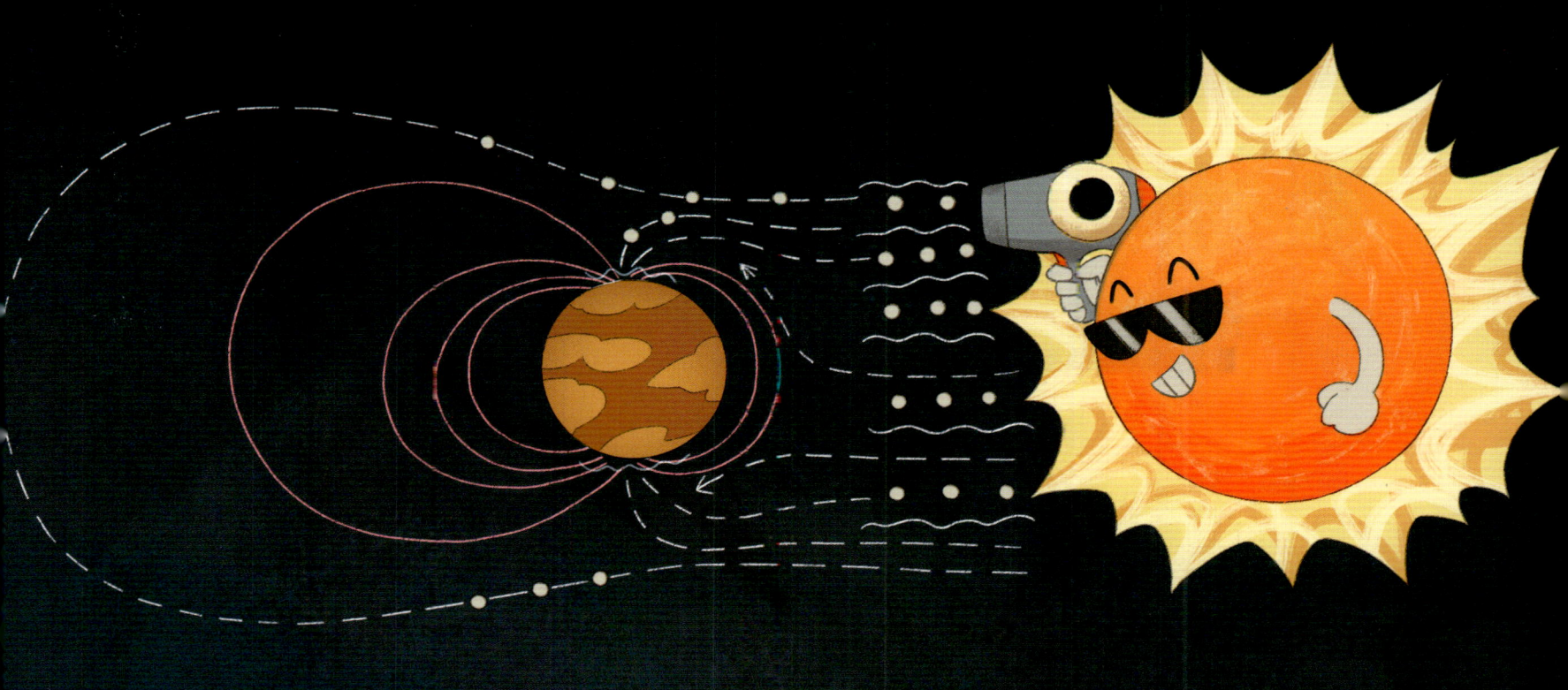

最后，需要有太阳风这样的高能粒子流的存在。换句话说，如果没有太阳，太阳系中也不会出现极光现象。

大气、磁场和高能粒子，被称为极光三要素。当三者聚集在一起的时候，就有了产生极光的可能性。

火星极光与地球极光

火星虽然与地球一样，也会发生极光这种奇观，但二者有许多不同。

首先是极光发生的位置不同。由于地球磁力线的作用，地球极光一般只发生在南北两极附近的高纬度地区。然而火星并没有地球那样强大的磁场，而是一些局部和不完整的磁场，因此火星的极光并非只分布在南北极，而是在全球各个地方都有可能出现。

第二是极光的颜色不同。由于火星大气与地球大气的成分不同，因此相比绚烂的地球极光，火星极光的色彩较为单调，较为暗弱。比如，极光中的蓝色多源自氮，氮在地球大气中非常富足，但在火星大气中则非常稀缺，因此在地球极光中常常出现的蓝色在火星上很少出现。火星极光的色彩多是红色和绿色。

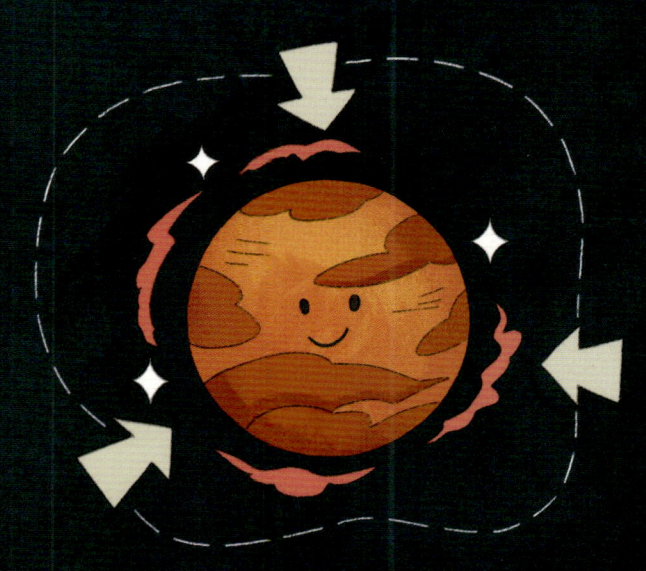

最后则是极光发生的频率不同。极光在地球上并不算罕见，但在火星上是很难看到的。如果你能看到，那一定算得上运气十足了！

第七章

就在不不手忙脚乱、一无所获、心急如焚之际,他突然抓到了一个形状奇怪的小工具。它像个哑铃,黑不溜秋的,有两排小孔,上面写着几个字:激光加速器。

"嘿,"他拍拍小栗子,"你看这玩意儿有用吗?"

小栗子大叫道:"哇!太棒啦!有这个咱们还愁什么呀!"说着,他把"激光加速器"接过来,扣到驾驶的火星车的底盘附近,按下开关。

只见这个不起眼的黑色小"哑铃",从下方和后方同时喷射出高能激光,蓝幽幽的,不怎么刺眼,但是火星车的速度瞬间就提高到了刚才的好几倍。

不不还没反应过来,就觉得车子猛然向前冲去。他虽然抓着扶手,但是上半身好像还留在原地,只有屁股和腿跟着车子冲向前方。"哎呀呀呀呀!"他大喊着,就见火星车几乎已经冲到大峭壁边上了。这也太快了吧!

疯狂的沙尘暴,转眼被他们甩到了身后。

他们驾驶着车子,开到火星高山峭壁之间的一道峡谷。峡谷里暂时还没有风沙侵袭,能看到的脚印突然增多了。尤其是转过一道山梁之后,有一块相对封闭的圆形谷地,堆积的灰尘相当深厚,足迹显得异常清晰。

不不大声喊道:"你看这像什么足迹?火星不可能有生命,对吧?"

"按理说不可能啊。"小栗子说,"地球上的生命都需要大量氧气和水,火星上的条件不具备,不可能有类似地球的生命。除非是一些细菌……但又不可能有这些脚印啊。"

"我看这些脚印有点儿像老虎的脚印!"不不一边看一边说。

"嗯,是有点儿像,"小栗子说,"但又不一样。不管了,咱们先跟上去看看!"

他们继续使用"激光加速器",在山谷间驰骋,一路上见到了更多脚印,也险些撞到山岩凸起的石头。

就在转过一个急弯之后，他们赫然见到一幅惊人的画面，任凭他们之前尽力设想，也从未想到这幅画面。

眼前是一片山谷，一个初具规模的基地在此建立，基地里有完善的植物种植系统、居住生活空间、科研探索基地和军事防护设施。基地外部是六角形电池板，整整齐齐铺设，如同平铺于大地之上的蜂巢，气势非凡。

最惊人的是基地外面聚集了一大群异兽，它们巨大而敏捷，圆润却灵活，嘴巴很大但没有尖牙，头上有三只眼睛，亮出微光。而小葡萄的球舱，就在一块高高的石头上，被这些异兽包围了。

"不不，"小栗子喊道，"你快查一下这是什么峡谷。我争取召唤机器来帮我们。"

请你阅读下面的资料，找一找这个峡谷可能的名字，帮帮他们吧。

答案参见第74页。

火星生命与火星人

火星上会有生命吗？

火星与地球有很多相同点，那火星上会不会存在生命呢？早在人们用望远镜观测火星表面地形开始，关于火星上是否存在生命体的各种猜想就层出不穷。那个时候，人们对火星生命的猜想，基本上是基于某些火星现象的幻想，前文所说的火星运河就是典型的例子。随着科技的发展，人们拥有了更为先进的科学仪器，并开始向火星发射各类探测器。此时，对于火星生命的猜想则更强调证据了。

在科学家们的不懈努力下，我们已经在火星上发现了一些有利于生命起源的证据。比如，科学家根据积累的数据推测出，火星在前诺亚纪时期，其表面可能存在过液态水。此外，科学家还在火星的一些沉积岩中发现了有机化合物和硼等元素，这些都是生命诞生的必要条件。

不过，需要强调的是，有适合生命起源的条件，并不一定就代表能孕育出生命，这二者之间的差异十分巨大。

火星生命可能会出现在哪里？

科学家除了在火星上发现了一些有利于生命起源的证据，还发现了一些不利于生命存在的证据。比如，火星由于大气稀薄等原因，其表面充斥着各种电离辐射，这些会对生命体产生一定的伤害。火星的土壤中富含一种叫作高氯酸盐的成分，这种成分可以作为氧化剂用于火箭燃料中，但对人类也有一定的毒性。火星表面紫外线强烈，在这种条件下，高氯酸盐对很多微生物也会产生很大的损害。

因此，火星的地表其实并不适合生命的繁衍。有些科学家综合火星上的各种证据推测，如果现在的火星上存在生命，比较有可能出现在地表之下，远离火星表面较为苛刻的生存环境。

火星上究竟有没有火星人？

目前阶段，火星人更多的是起源于科幻作品的一个概念。除了火星运河，曾经一度流传甚广的"火星脸"事件也在一定程度上加深了火星人在人们心中的影响。火星脸的相关照片来自海盗一号探测器，其类似人脸的关键黑色斑点其实是光线和视觉错觉而产生的"误会"。

如果你问科学家，火星上是否存在像地球人一样的火星人，科学家很有可能干脆地回答：不存在。但是如果你问火星上是否存在生命，那科学家大概率会犹豫一下，然后回答你可能有。虽然迄今为止，人类尚未搜集到能够充分证明火星曾经或现在存在生命的证据，但是科学家并没有放弃。

我们对于火星生命的探索，其目的不仅是发现火星生命的存在，也在于研究生命起源的真理，以及研究行星宜居性的条件，为人类未来的外星移民事业做准备。

"火星人脸"的影像（编号35A72）。

左侧影像是海盗号在1976年拍摄的第二张人脸影像（编号70A13）。右侧是火星全球勘测者号于2001年拍摄的影像。

火星的宜居性

宜居带的概念

就目前人类所掌握的生命科学而言，液态水对生命是至关重要的。因此天文学家把一颗恒星周围能存在液态水的范围称为宜居带，即适合居住的区域。一般来说，宜居带拥有利于生命发展的环境，出现高等生命的概率更高，相对而言也更适合人类移居。

从宜居带的概念我们可以知道，地球上有液态水的存在，也孕育出了人类等生命体，地球肯定位于太阳系中的宜居带中。那么地球的邻居——火星是否位于宜居带中呢？

太阳系

宜居地带

水星

金星

地球

火星

对于现在的太阳系而言，宜居带的内边缘大概在金星的公转轨道附近，外边缘大概在火星的公转轨道外。火星跟地球一样，都位于太阳系的宜居带中。

外星移民的最佳选择

虽然与地球相比，火星的生存条件明显严峻得多，但是对比太阳系中除地球外的行星，你会发现火星已经是我们未来外星移民的最佳选择了。比如，同为地球的邻居，金星虽然在个头上与地球更为接近，但金星距离太阳较近，其浓厚的大气层中二氧化碳的含量超过 96%，具有非常强的温室效应，表面平均温度高达 464℃，生命完全无法生存。

火星在宜居性上，除温度具有优势外，水资源也是重要的一环。虽然水在太阳系中并不稀有，但除了地球，像火星这样有这么多水的星球也确实找不到第二个了。尽管火星的水不能直接使用，但加以开发还是能够利用的。

总体来说，火星在宜居性上比地球差，但比太阳系中多数的星球都要好很多。

火星环境地球化改造

火星环境地球化是一项将火星改造成人类可居住星球的计划。这个计划目前有很大的争议，对于用人为手段改变星球整体环境的可行性上，科学家们各执一词。

困难与争议并没有浇灭人类对于探索火星及外星移民的热情，仍然有很多科学家在火星环境地球化项目上积极献策，提出了不少方案。虽然大部分方案受到经济与自然资源的限制，不太可能实现，但仍有少量方案已经在技术层面上取得了成功。

比如，有科学家提议，虽然无法改变火星的整体环境，但可以利用火星上丰富的矿产资源，生产建设大型的保护罩，并在其中建立火星基地。如果这个保护罩具有保温功能，并可以抵挡绝大部分的高能辐射，那么我们就可以利用太阳能或核能为其供能；在保护罩内加压，使其与地球表面的大气压相同；再引入水资源等必需资源，最终达成火星地球化改造的阶段性胜利。

如果这种小型的基地得以实现，我们或许就可以如法炮制地建立很多这样的基地，为火星地球化提供更多的实践与探索空间。

火星基地建在哪？

火星洞穴项目

如果想在火星上建立小范围的宜居基地，先建在哪个位置最好呢？除了前面提到的"保护罩"的想法，也有科学家提出了"地下城"的建议。如果把基地建在火星的熔岩管或洞穴等地下结构中，在一定程度上就相当于"免费"获取了天然防辐射层。这种地下的结构，还可以为人类提供寻找矿物、气体及水资源的新通道。

目前，已有火星探测器在火星的阿尔西亚山区域利用热辐射成像系统拍摄了很多疑似洞穴口的图像，这些洞穴或许就是我们未来建设火星基地的位置。

火星基地的建设都需要什么？

建设一个能够长期运行的火星基地，需要一步步来。

首先，我们需要向火星直接发射一个可以自行组装或简单组装的短期基地，里面有一定量的日常生活用品，可以为第一批前往火星的探索者提供物质基础，让他们快速入住。

然后，当第一批航天员到达火星后，需要检查火星基地内的各种设备是否正常运转。这些设备需要具备快速组装的特点，以便航天员能够尽快使用，尽快为建设长期基地选取合适的地址，比如某个合适的熔岩洞穴。

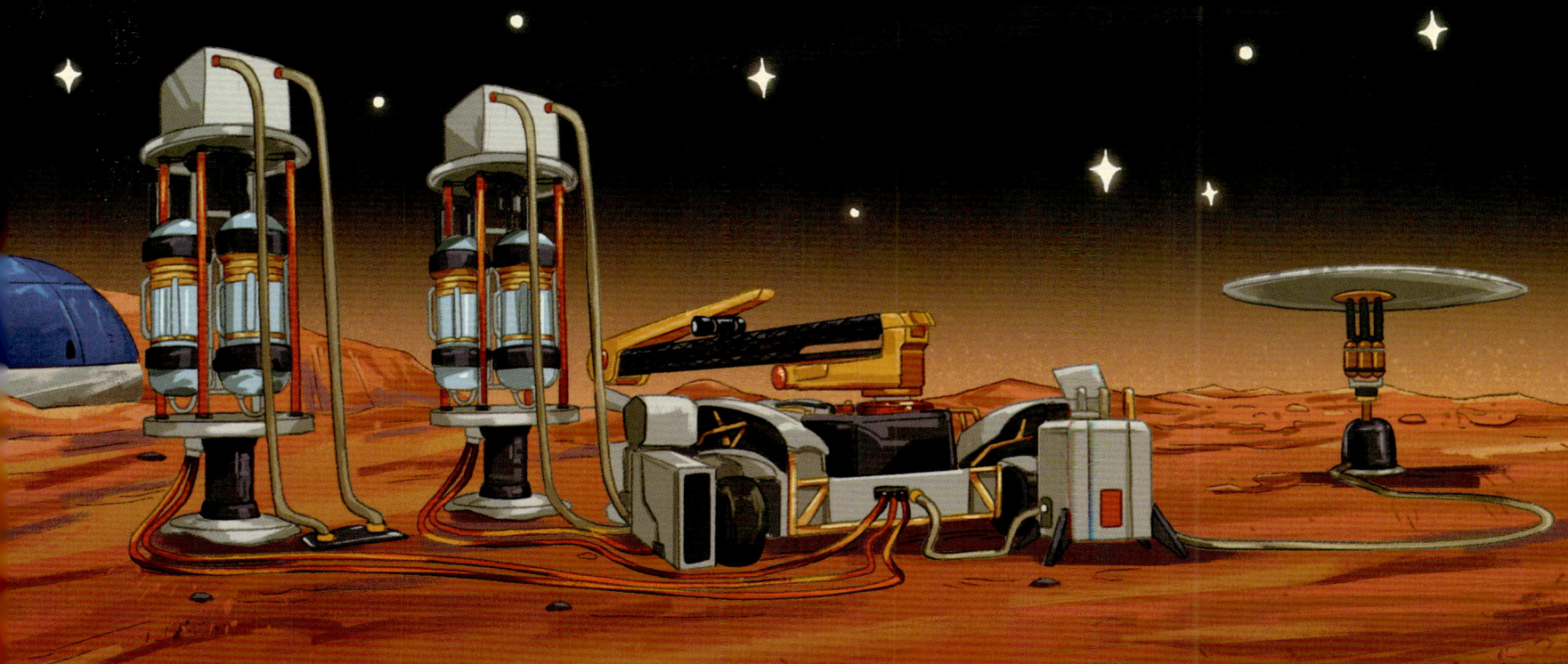

接着，在找到合适的地址后，可以考察基地的环境，制订相对详细的基地建设计划，以便地球发射合适的物资支援建设。

最后，前期工作准备充足后，就可以开始着手建设长期基地了。

需要注意的是，对于可以长期使用的火星基地，能够拥有脱离地球供能的条件至关重要。地球与火星之间路途遥远，合适的发射时机也不是每天都有，就算不考虑成本，也有可能遇到地球物资无法及时送到的情况。当火星与地球之间的"快递"出现问题时，只要我们能从火星获取充足的能源，我们就可以在撑不下去的时候利用这些能源，从火星出发，再次回到地球。

可选的火星基地建设位置

近年来，人类在火星地表发现了多个熔岩管的入口。这些熔岩管有足够的长度保护在其内部居住的航天员。同时，这些熔岩管也比较容易进行封闭的工程建设。除了这样的地下结构，火星还有许多地区都有建设基地的潜力。

火星的南北两极区域拥有较为充足的水资源，也是火星基地的候选址。水手峡谷也是建设火星基地的热门候选地址。科学家通过研究推测，水手峡谷可能曾被水淹没，存在尚未发现的丰富水资源的可能性较高。

虽然火星上有不少地方适合建设火星基地，但是火星基地到底建在哪里最好，还需要我们多实践，多尝试。对于未知的领域，失败的经验往往会为成功的道路点亮一盏指向灯。

火星基地开工

就地取材

在火星上建立基地可不是一件容易的事，由于地球与火星距离过于遥远，用火箭发射"快递"的成本非常高，大量运输机械设备或建筑材料是十分不现实的。

火星基地的建设关键点之一，在于如何"就地取材"。火星表面的风化层有大量松散的岩石、灰尘和土壤，这些可以作为建筑材料使用。如果我们把能加工这些材料的"建筑版"3D打印机运到火星，就能省下一大笔费用，在建筑规模上也能拥有更多拓展空间。

有了建筑材料，还需要建筑工人。科学家建议可以运输"半自主"机器人到火星，辅助航天员建立火星基地。机器人的优势很明显，它们不需要呼吸，因此火星稀薄的大气对它们影响不大；它们也不需要吃饭，因此不会消耗宝贵的食物。当然，使用大量机械设备的前提是，我们能在火星上拥有大量且较为稳定的能源。

综上所述，在火星上建立基地，开发出适合火星的技术与设备，往往比一味采用"最先进的科技"更重要。地球上的建筑设备，只要经过改良，很大概率上也可以在火星上使用，我们不需要每个方面都从零开始。

火星生活千千问

假如人类未来真的能在火星建立可供长期使用的中大型基地，那么还有一个问题至关重要，那就是火星基地能在什么程度上为人类提供健康保障。

目前，人类还没有在外星球上长期生活的经验，所以没有实际的例子供我们参考。但是根据对火星的了解，我们也能提前预想到火星上存在的可能危害健康的因素。

比如，基地不太可能完全屏蔽火星表面所有的高能辐射，那么人类长期接触微量的高能辐射会有损健康吗？火星的质量比地球小，上面的重力也比地球小，重力的变化会对我们的骨骼造成影响吗？火星虽然也有季节变化，但是一年的长度与地球不同，这会让人类体内的生物钟系统紊乱吗？在火星基地能晒太阳吗？长期晒不到太阳，会对我们产生什么影响吗？

开辟新道路的途中总会遇到各种各样的问题与困难，上面这些问题科学家也还不能给出明确的结论，我们需要做的是大胆向前，谨慎求证，充分考虑未来太空移民可能存在的风险，并尝试一一解决。

未来火星基地的模样

如果你想在火星基地真实落地之前，看看火星基地可能呈现的模样，不妨看看建筑师与科学家联合提议的各类火星地基规划图。

比如，全球建筑师事务所Abiboo和众多科学家组成了一支国际团队，他们制订了一份长期定居火星的计划。在这份计划中，火星城市会选在火星悬崖边附近，房子则建在崖壁之上。其中的各个建筑用隧道进行连接，然后通过巨大的高速电梯竖向通行。这座火星城市还会配备各种娱乐休闲活动社区，以缓解人们移民外星的不安情绪。火星城市种植的植物大有用处，既可以点缀、美化环境，又可以提供食物，还能产生氧气。

在这份计划中，这座城市的建设初期需要依靠地球供应资源及能源，但在其正常运转一段时间之后，就可以依靠太阳能电池板与核能站等能源站，从火星上汲取能源，逐步做到自给自足，消除对地球的依赖，成长为一座可以独立且可持续发展的人类家园。

第八章

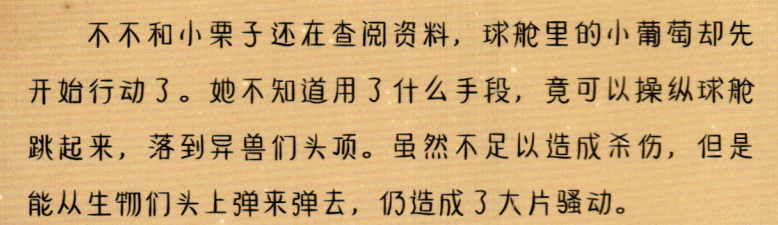

第七章谜题答案：水手峡谷。

不不和小栗子还在查阅资料，球舱里的小葡萄却先开始行动了。她不知道用了什么手段，竟可以操纵球舱跳起来，落到异兽们头顶。虽然不足以造成杀伤，但是能从生物们头上弹来弹去，仍造成了大片骚动。

小栗子和不不哈哈地笑了起来。

但是，小葡萄的球舱弹了几下，就越弹越低。就在球舱逐渐失去弹性的一刹那，异兽们一起跳起来，向球舱扑去，好多个圆胖的身体层层叠叠压到小葡萄的球舱上。

"不好！"小栗子和不不齐声喊道。

他们赶忙驾驶着火星车冲过去，小栗子用火星车的车头不停地撞击异兽的身体，但又屡次被弹回来。

不不用工具箱里找到的防身麻醉枪朝这些异兽射击，但收效甚微。

就在这时，一道异常明亮的激光闪过，如同闪电劈开天空。被这道明亮凌厉的激光扫过的异兽纷纷倒下去，堆成了一道绵延不绝的软乎乎的墙。

不不和小栗子抬起头，只见樱桃舰长从一团绚丽的云霞中现身，缓缓从天而降。

"樱桃舰长！"小栗子喊道。

小葡萄的球舱重获自由之后，打开了一道小门，穿着航天服的小葡萄从球舱里蹦出来，向樱桃舰长跑去。小栗子和不不也连忙驾驶火星车开过去。

"樱桃舰长！这些生物是什么啊？"小栗子问。

"它们来自银河系的另一个恒星系——泽塔43星系，它们的力气很大，但智力不高，被僵尸星球控制了。"樱桃舰长说，"僵尸星球要破坏人类在太阳系建的基地，

还要将自己的力量部署到太阳系星球，就控制了无辜生物来入侵。"

"什么？僵尸星球太可恶了！"小葡萄义愤填膺地说。

"僵尸星球要把自己的力量布置到太阳系吗？那当不是很危险？"小栗子问。

"是的。"樱桃班长点点头，"它们想在太阳系布置四个基地，形成僵尸能量控制阵列。你们跟我到基地里来，我们可以一起绘制一幅银河系全景图，然后就能弄清楚僵尸星球的飞船从哪里来，太阳系在哪里了。"

快阅读第 76～83 页的资料，找一找太阳系在银河系内的位置吧！

答案参见第 84 页。

太阳系的起源与演化

46亿年的光景

太阳系是一个以太阳为中心的天体系统。这个系统中有非常多成员，有我们的地球，有火星，还有其他的行星、小行星、卫星、彗星等天体。

那么太阳系是什么时候形成的呢？

虽然时间无法倒流，人类难以穿越到太阳系诞生的时间去探究起源问题，但是"雁过留痕，风过留声"，太阳系在发展过程中留下了一些线索。研究显示，太阳系大概在距今46亿年前诞生，然后经历了一步步的演化，逐渐变成了如今我们所熟悉的样子。

土星　彗星　地球　月球　木星　太阳　金星　水星　火星　天王星　海王星

太阳系的诞生

虽然现在看来，太阳是太阳系的中心这个概念已经成了科学常识，但是"日心说"这个概念其实直到几百年前的17世纪末才被广泛接受。了解到太阳系的中心是太阳后，学者们才逐渐抓住了太阳系形成理论的关键点。

18世纪，著名的哲学家康德发表了有关太阳系起源的星云假说。他认为，太阳系是由原始星云在万有引力的作用下演化而成的。在万有引力最强的中心部位汇聚的物质最多，于是形成了中心的太阳。外围聚集的微粒围绕太阳转动，最后凝聚成了朝同一方向转动的行星。

除了康德的星云假说，太阳系的形成还有多种学说，但大部分都只存在于假想阶段，缺乏证据。

20世纪80年代，科学家通过研究新诞生的恒星发现，正如18世纪康德在星云假说预测的那样，恒星在诞生之初，往往被一个由冷的气体和灰尘组成的盘环绕着。

在天文观测证据的支持下，现代星云说诞生了，并被广泛认可。现在我们知道，太阳系诞生在一片充满星际物质的分子云中，通过坍缩与吸积等过程，逐渐形成了现在的样子。

寻找远古的痕迹：球粒陨石中藏着的秘密和证据

除了用观测其他恒星诞生的证据来推导太阳系的形成与演化过程，科学家还发现了其他的证据，那就是陨石。

球粒陨石是历史最为悠久的岩石之一，它们的研究价值非常高。从陨石的内部结构中我们可以看出，它是由原始的矿物颗粒相互吸引堆积而成的，这些矿物颗粒的成分有所不同。地球在长期的演化过程中，原始的圆形颗粒被强大的地球引力所破坏。但在一些小天体中，依然保留了这样的结构。在机缘巧合之下，它们以陨石的形式落到地面上，成了科学家探访太阳系起源最得力的工具。

太阳系的子民

行星的组成与演化过程

太阳系中，除了太阳，最引人瞩目的成员当数行星。早在很久很久之前，古人就发现了这些行星。它们因为不断在恒星背景中穿行而得名。除了地球，古人一共发现了水星、金星、火星、木星和土星五颗行星。后来，随着望远镜的发明与不断改进，天王星、海王星乃至后来被从团队"开除"的冥王星逐渐被人们所知。由此，太阳系的行星就被我们认全了。

这些行星是如何演化形成的呢？科学家推测，在太阳形成后，未被太阳吸入的物质会形成一个带有很多同心圆环和缝隙的原行星盘，这些缝隙是正在形成的行星"雕刻"出来的。行星会逐渐吸收原行星盘中的物质并进一步成长，将其轨道周围的大部分物质占为己有，最终变成现在我们看到的样子。

柯伊伯带与小行星带

在太阳系中，除了引人瞩目的行星，还有不少小天体引起了科学家的注意。在这些小天体分布的空间中，有两个小天体格外集中的区域，一个是位于太阳系海王星轨道外侧的柯伊伯带，一个是木星和火星之间的小行星带。

顾名思义，小行星带中最多的天体就是小行星，其次还有一些比小行星大一点、被称为矮行星的天体。柯伊伯带中则有更多类型的天体，小天体的个头整体也会更大一些。柯伊伯带中有更多的矮行星，如大名鼎鼎的冥王星；还有很多彗星，哈雷彗星大概率就起源在这里。此外，柯伊伯带与小行星相比，区域的范围大得多，据科学家推测，它比小行星带大约宽 20 倍。

看不见的微小物质

在太阳系中，除了前面介绍的那些比较大的天体，还有很多弥漫在太阳系空间中的行星际物质。这些行星际物质虽然就像地球中的空气及空气中的细小灰尘一样不起眼，却可以将太阳光散射到夜空中，在黑暗的夜空中形成美丽的黄道光。

太阳系的边界

传说中的奥尔特云

太阳系是一个受太阳引力约束而在一起的天体系统。天体的引力作用范围是有限的，因此太阳系应该存在一个边界，越过去就可能逃离太阳引力的约束。那么，太阳系的边界究竟在哪里呢？

随着科技的发展，天文学家能观测到的宇宙的范围在不断扩大，人们对于太阳系边界范围的认识也在不断发展。

比如，天文学家在发现海王星后，海王星成了太阳系最边缘的一颗行星。但在 20 世纪，天文学家在海王星轨道的外侧区域又陆续发现了很多天体，柯伊伯带的概念诞生。天文学家通过后续的研究发现，柯伊伯带的分布范围比原先估计的更广，这就使得太阳系的边界也跟着向外扩展了好几倍。

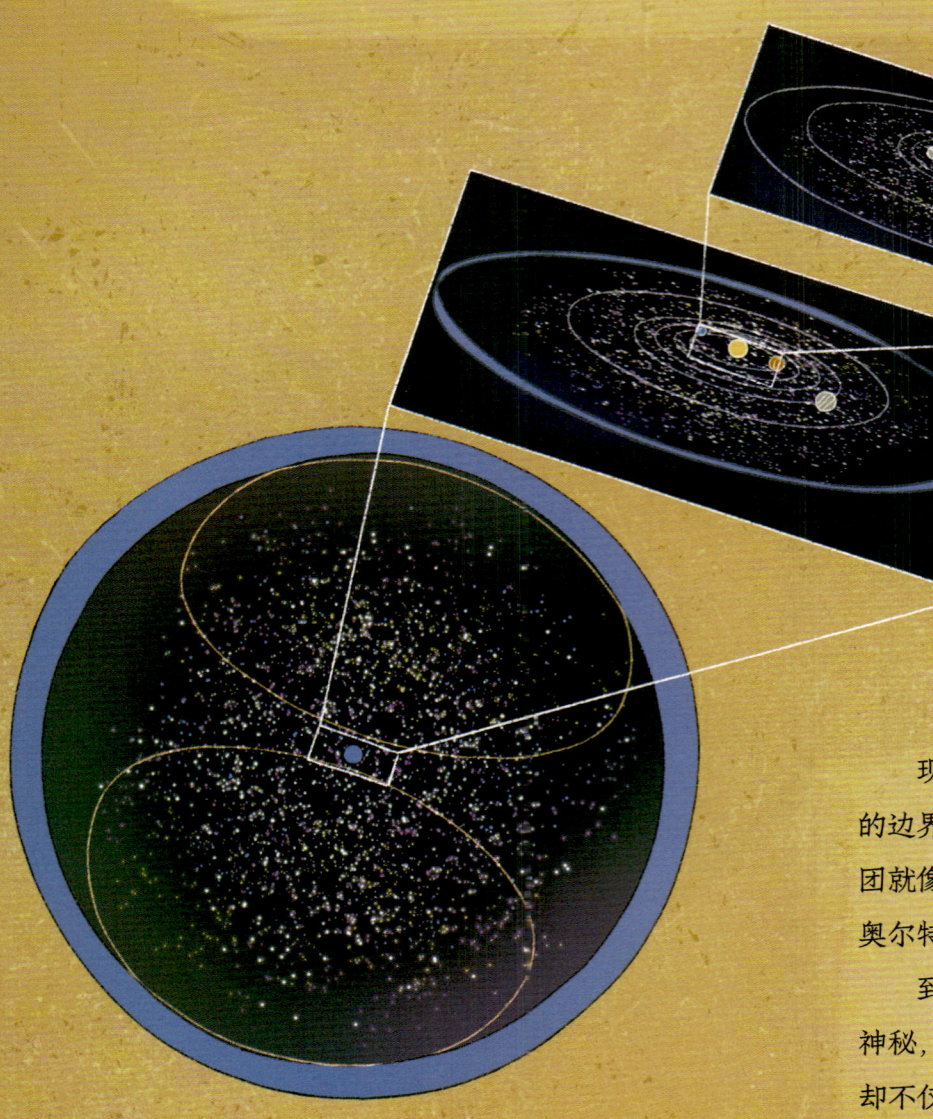

现在，有很多天文学家猜测，柯伊伯带并不是太阳系的边界，太阳系最边缘的区域应该存在一个云团，这个云团就像蛋壳一样包裹着整个太阳系。这个云团后来被称为奥尔特云。

到现在为止，对人类而言，奥尔特云的区域仍然非常神秘，天文学家推测它包含数以万计的天体，其主体部分却不仅从未被观测到过，甚至在未来也难以被观测到。此外，天文学家猜测，很多长周期彗星也来源于此。

太阳风与日球层顶

由于奥尔特云难以被观测到，所以天文学家对于太阳系边缘给出了另一种理解方式——日球层顶，通俗地讲就是太阳吹出的太阳风能影响到的最远边界。

我们常说的太阳风是指从太阳上层大气射出的超高速带电粒子流，日球层是指太阳和太阳风影响的区域。科学家推测太阳风会在遭遇大量星际介质的地方停滞，这个停滞的边界就被称作日球层顶，它的边界很不规则，距离太阳约 200 亿千米。旅行者二号探测器飞出太阳系指的就是它飞过了日球层顶。

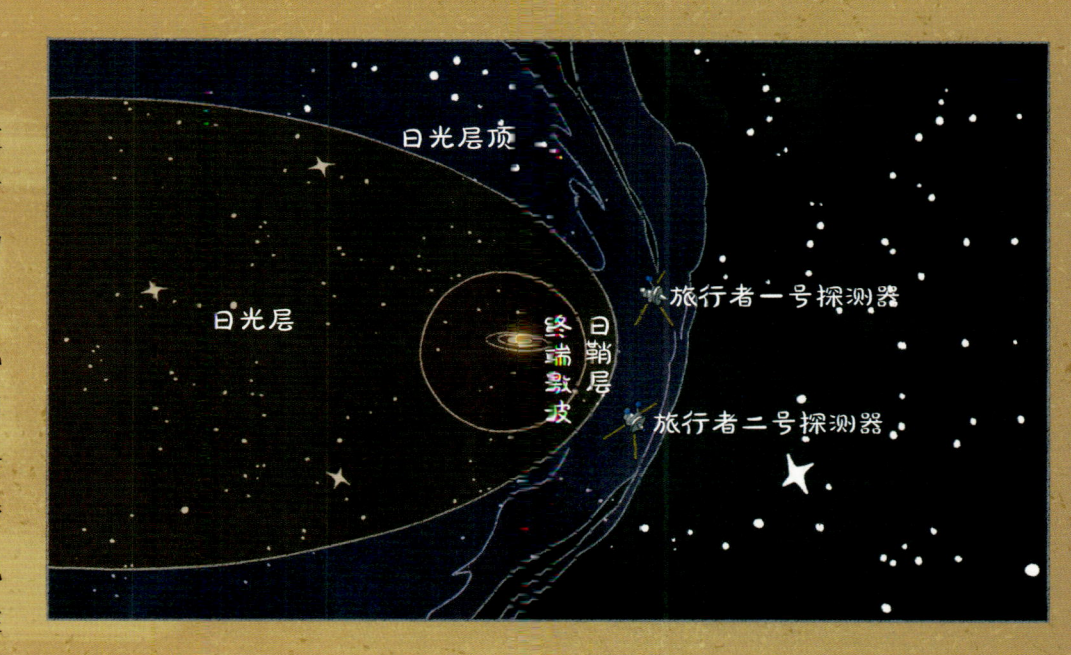

图中标注：日光层顶、日光层、终端激波、日鞘层、旅行者一号探测器、旅行者二号探测器

我们与邻居的界线

我们知道，在太阳巨大的引力影响下，太阳会用自身的引力影响周围大量天体的运动轨迹。科学家通过计算推测，太阳引力所管辖的极限大约在距离太阳 1 亿千米的地方，这个距离也是太阳系与我们最近的邻居划分界线的地界。从理论上来讲，当我们飞出太阳的引力极限后，才会进入其他恒星的引力范围内，摆脱围绕着太阳运转的束缚。

科学家根据不同的依据，对太阳系的边缘有多种不同的定义，每种定义都有一定的道理，你认为太阳系的边界究竟在哪里呢？

广袤无垠的宇宙

火星，我们的邻居

如果说人类在未来会移民其他行星的话，最热门的行星是哪个呢？那肯定是地球的邻居——火星了。

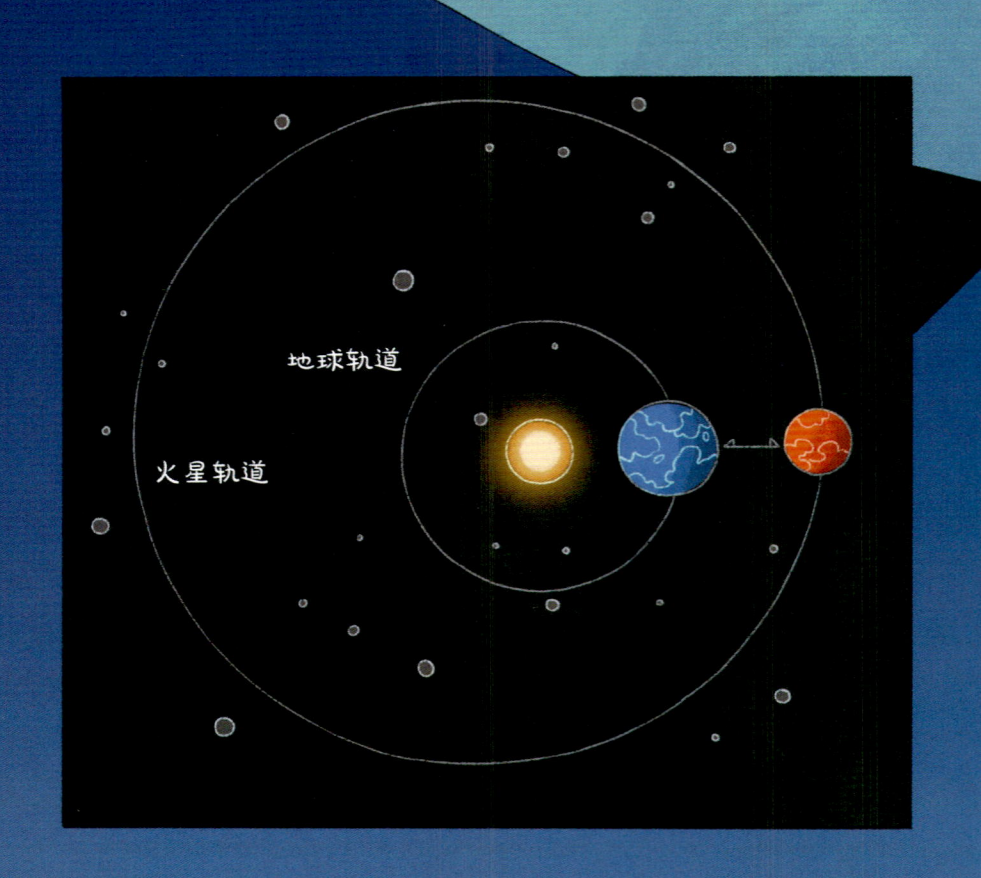

行星的邻居和我们在居民小区中的邻居不一样，地球与火星围绕太阳公转的周期不同，二者的距离会不断发生变化。火星与地球最近的距离约5500万千米，最远的距离约4亿千米。虽然这个距离看上去特别遥远，但火星其实已经是离我们非常近的天体了。

火星在太阳系内的位置

在太阳系中，地球是离太阳第三近的行星，火星则是第四。火星与距离太阳较近的水星、金星和地球一样，体积和质量都较小，其中水星距离太阳最近也最小，火星则是仅次于水星的第二小的行星。

火星的邻居除了地球，还有木星。火星与木星的轨道间存在一个小行星密集的区域，被叫作小行星带，这里有大量的岩质小行星。

木星再往外是土星、天王星及海王星，这些巨行星的个头都比火星大很多，并且都拥有许多卫星。

火星也拥有天然卫星：火卫一和火卫二。不过与地球的天然卫星月球不同，火卫一和火卫二的形状都不规则，很多人说火卫一像一颗土豆。

太阳系很大，也很小

虽然对于人类而言，太阳系大到至今我们都还不能确定边缘在哪里，人类在地球之外也只踏足过月球而已，但是你知道吗，对于整个银河系而言，太阳系只是一个不起眼的小系统。

虽然太阳是太阳系的中心，但太阳系却并非银河系的中心。如果把银河中心比作城市中心，太阳系在银河系中所处的位置可以说得上是郊区了。

银河系的恒星盘面直径约 10 万光年，太阳系在距离银河系中心大约 2.6 万光年的一条旋臂上。这条旋臂被称为猎户臂，它是银河系的次要螺旋臂，所以说太阳系位于广袤的银河系一隅并不过分。

如果你有机会在野外看一次星星，就会发现夏季的银河远比冬季的亮丽。这是因为太阳并不在银河系中心，夏天，我们朝向银河系核心方向，看到的星星自然比较多；而冬天我们朝向银河系外面，看到的星星则比较少。如果太阳在银河系的中心，那我们一年四季看银河的亮度就应该一样了。

银河系结构图

核球

球状星团

银道面

恒星晕

太阳

太阳

第九章

听樱桃舰长介绍完太阳系的构成和僵尸星球的阴谋后，孩子们在基地内部逛了一圈。这里科技感十足，有一整面墙是弧形的，上面显示着宇宙太空图像，还有实时变化的数据，另外一侧有一些实验台。

"这个基地是谁建的？"不不好奇地问。

"是我和其他一些宇宙跃迁者。"樱桃舰长说。

"宇宙跃迁者是谁？"不不问。

"是一个保护地球的组织。我们在地球周围建立过几个基地。"樱桃舰长拍了拍他的肩膀，"等你们到了银河学院高年级，我们会正式介绍这个组织，到时候你们会了解更多。"

"我们也有机会……"不不刚想追问，窗外突然传来一声巨响。他们急忙向外望去，一艘巨大的飞船从充满沙尘的火星天空中显露出来，飞船底部发出巨大的亮光，像手电筒光一样笼罩着地上的异兽，把它们都唤醒了。异兽们的眼睛发出凶狠的光，整齐地站到一起，向基地发起了进攻！

"它们会攻进来吗？"小栗子很忧虑。

"别担心，我有办法应对。"樱桃舰长沉稳如常，"它们看上去凶猛，但实际只是被控制了，我持续切断控制它们的能量就行。"她拍了拍小栗子的肩膀，继续说道，"你们去基地中间的六边形会议室，那里有通向地下的电梯，你们到地库里找到智慧宝石，先保护起来，以防万一。"

说完，樱桃舰长便来到基地外，在空中腾跃，迎击异兽们的攻势，同时似乎在给基地建立保护罩。

孩子们也不敢迟疑，连忙跑到中央会议室找到电梯，进入地下宝库。

第八章谜题答案：太阳在猎户座旋臂，距离银河系中心约2.6万光年。

宝库的四面墙上都是全景屏幕，中央的立柱很精致，多道发光的纹路如同喷泉一般护住中间的宝石。

他们刚要往中间走，却被一道无形的屏障挡住了。

空中响起了嘀嘀的警报声："把行星模型放置于正确位置上，方可进入。"

他们定睛一看，原来围绕着中间立柱，周围空间里悬浮着多颗小星球，正像八大行星，只是都在乱转。他们把八大行星按顺序摆起，但还是不能解锁。警报声反馈道："未解锁。距离错误。"看来，若想将全部轨道摆放正确，还真的要花不少工夫呢！

"没关系，这里给出了公转周期，我们可以算！"小栗子指着墙上的数据通道。

如果我们知道每一颗行星的公转周期，用哪一定律可以计算出它到太阳的平均距离？

答案参见第 92 页。

地心说的诞生

恶人还是伟人？

作为一名百科全书式的哲学家与科学家，亚里士多德几乎涉猎了每一个学科，构建出了西方哲学上的第一个广泛系统。亚里士多德的宇宙理论虽然在现在看来存在很多漏洞，但在当时却是权威般的存在。在亚里士多德宇宙理论诞生之后的很长一段时间里，新诞生的宇宙学说也大多没能跳出亚里士多德宇宙理论的大框架。

大约公元2世纪，有一位名叫托勒密的天文学家，他在巴比伦的观测结果和月球理论以及天文测量等知识基础上，构建出了自己的宇宙模型。

托勒密与亚里士多德一样，也认为地球位于宇宙的中心，日、月、行星和恒星都围绕地球运转。托勒密在天文测量和数学上颇有建树，他研究了大量其他天文学家的观测和理论成果，构建出了更为系统的宇宙理论，后来也被称为托勒密地心体系。在托勒密的理论体系下，很多天象都能得到准确的预测，非常符合人们的直观经验，因此托勒密地心体系影响深远，流行了一千多年。

我们有时会看到这样的说法：地心说是一个错误的宇宙理论，托勒密是推广错误理论的可恶之人。但是我们应该意识到，科学的发展是有时代局限性的，托勒密计算出了很多天体的运行轨迹，确定了一年的持续时间，编制了星表，总结出了日、月食的计算方法，极大地推动了天文学的发展，仅从天文学的角度来看，也是一个非常伟大的天文学家。

本轮与均轮

很多人一看到地心说，很容易联想到天体运动轨迹都是同心圆的简单模型，因此不理解托勒密到底厉害在哪里。

还记得前面提到过的火星逆行吗？人们一直难以对此进行解释，而地心说最大的改变，就是加入了本轮和均轮的体系，从而真实地描述行星运动。本轮是行星运行的轨道，其中心在均轮上围绕地球运转；均轮则是以地球附近的偏心点为中心，进行圆周运动的大圈。加入本轮和均轮之后，托勒密的宇宙模型变得十分复杂，但真的能够预测出行星的大致位置。以当时的天文观测水平来看，这已经是"预言"一般的神圣存在了。

地心说的长久统治

由于托勒密的地心说可以在一定程度上预测天体的运行，被很多人所拥护，因此欧洲的宗教将神学与地心说的理论相结合，进一步稳固了双方在各自领域上的统治地位。地心说影响了欧洲社会千年之久，直到16世纪的文艺复兴时期，随着科学技术的进步，天文学家们发现了一些支持日心说的证据，而地心说所不能解释的现象也越来越多，地心说才逐渐脱离历史舞台。

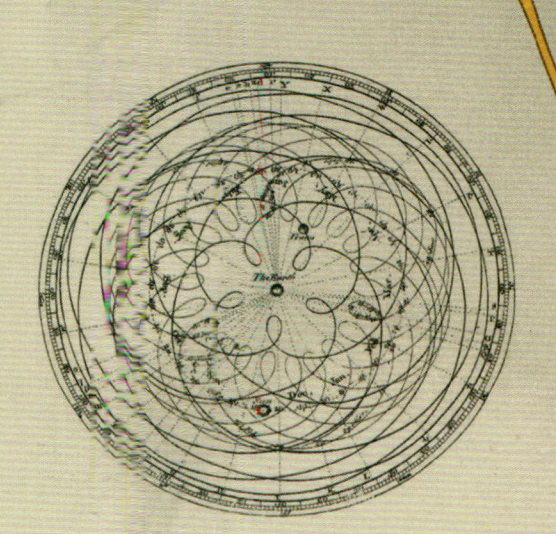

早期的宇宙观

欧多克索斯的同心球模型

很久以前，有一群古希腊的天文学家每到夜里就会抬头仰望星空。他们发现大部分的日月星辰看起来都在围绕地球转动，仿佛宇宙拥有一个中心。

于是，一位名叫欧多克索斯的古希腊天文学家提出了以地球为中心的同心球理论。他认为天上大部分恒星都处于半径最大的一个球面上，这个球面每日围绕

北天极
太阳运行的球壳（黄道）
其他天体运行的球壳
地球
行星运行的球壳
南天极

地球自东向西旋转一周。太阳、月亮、行星等天体的运动，则由多个同心球的匀速转动结合而成，它们通过各球转轴的不同取向以及转速和转向的不同分开运动。

亚里士多德体系：地球是宇宙的中心

后来，古希腊又诞生了一位伟大的哲学家，他的名字叫亚里士多德。亚里士多德的老师是同样伟大的哲学家柏拉图，柏拉图的老师则是苏格拉底。亚里士多德、柏拉图和苏格拉底一同被誉为西方哲学的奠基者。

亚里士多德在总结已有宇宙模型的基础上，提出了宇宙的中心是土元素的观点。他认为地球是静止的球体，位于宇宙的中心，地球外面有多层天体环绕它运行，最接近地球的是月球，之后是太阳和五个行星，最后是无数固定的星星。总的来说，亚里士多德的宇宙观是由同心球模型改进而成的，在他的设想里，太阳、月亮、行星和恒星附着在各自的球层上一起运转，球层是实体存在的，但这个实体由完全透明的物质构成，所以看不见。他还认为月球轨道以上的部分是亘古不变的，整个宇宙是有限而封闭的，彗星、流星等天体都是在地球大气层中产生的现象。

早期理论的先进与不足

要确保月球及月球轨道以内的天体能不断产生变化，亚里士多德认为必须存在一个永恒的驱动者。这个永恒的驱动者就是天体所依附的球层。由于球层永恒不变地转动，所以与球层直接接触的球体也不断地运动起来。

此外，亚里士多德认为，要完满地解释天体的复杂运行，需要有思想和渴望的心灵作为最终的原因，也就是说，他认为天体是有智慧和生命的。

虽然现在看来，亚里士多德的宇宙模型及更早期的理论并不正确，但在当时，这些模型却能够较好地解释部分天体运行的规律，这在当时来说已经算先进的理论。

但不足之处也很明显，例如，亚里士多德认为天体有智慧的说法在科学思潮里显得十分牵强，这些模型也不能很好地预测天象，无法说服所有的天文学家。

日心说

地心说的统治地位动摇

随着技术的发展，可观测天体的数量越来越多，天文学家获得的数据也越来越多，越来越精确。地心说的本轮和均轮体系虽然能够大体预测出行星的运动，却无法跟上时代的发展，逐渐变得难以自圆其说。

例如，天文学家们发现，若想要地心说的模型与行星的运动轨迹相符合，行星的运行会在漫长的时间里形成复杂的旋转线，看得人眼花缭乱。这不仅让轨道设计变得过于复杂，也增加了修正和学习的难度。

再比如，1609年，伽利略用望远镜观测木星，发现了木星有四颗围绕它运转的卫星，即伽利略卫星。但在地心说里，所有的天体都应该围绕地球转动，其他行星不应该拥有围绕自己运转的卫星，这显然与新的观测证据相悖。

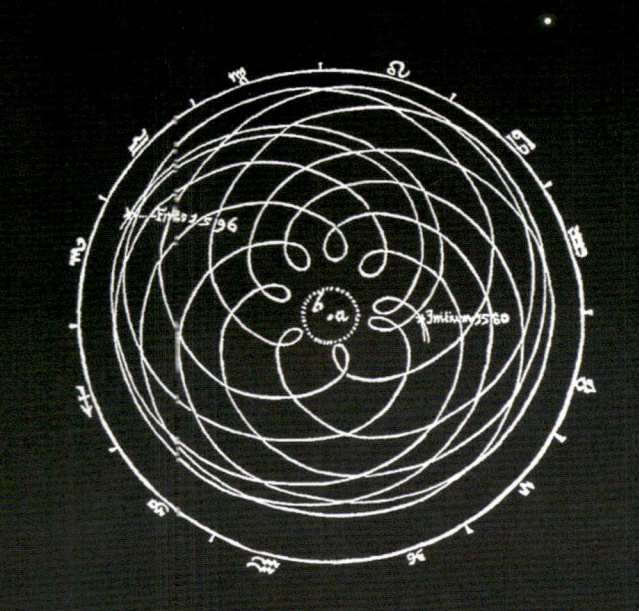

而且，地心说在被宗教神学看中后，由教权亲自维护，他们给月球、太阳等天体赋予了神圣的含义，认为这些天体是完美无瑕的。但伽利略却通过望远镜发现，月球的表面远不像我们裸眼观测的那样光滑，上面布满了坑坑洼洼的环形山。

与地心说不符的观测事实越积越多，逐渐动摇了地心说的统治地位。在众多追寻新的宇宙真理的天文学家中，有一个人脱颖而出，他就是哥白尼。

日心说的出头之日

早在公元前，古希腊天文学家阿里斯塔克和古希腊哲学家赫拉克里特就曾提出过太阳是宇宙的中心，即朴素的日心说思想。日心说思想与人的直觉相悖，在当时的观测水平下又缺少证据，并不被认可。

一直到 16 世纪，日心说终于迎来了出头日。波兰天文学家哥白尼以日心说为核心思想，发表了天文著作《天体运行论》。在这本书中，哥白尼肯定了太阳是宇宙中心的猜想，他认为地球和其他行星一样，都围绕着太阳公转。

漫长的论证

《天体运行论》的发表对于日心说而言，无异于"柳暗花明又一村"。但可惜的是，这个时期的日心说理论并不成熟，对于部分行星运行的预测甚至没有托勒密的地心说准确，再加上与人类的直觉相悖，以及宗教的打压，日心说并没能一下推翻地心说，而是经历了近百年的斗争与论证，才最终被世人所接受。

哥白尼的《天体运行论》云掉了复杂的本轮与均轮体系，使得天体运行的法则看起来更加简洁与和谐。这套理论还尝试总结了部分行星的特殊视运动的成因，比如行星的逆行现象的原因。

但受到古希腊学术体系的影响，哥白尼仍然认为行星围绕太阳运行的轨迹应该是完美的正圆，与天体运行轨道的真理失之交臂。

真实的行星运动法则

开普勒行星运动三定律

1546年，丹麦的一个贵族家庭诞生了一个小男孩，名为第谷。他在成长过程中，对天文学产生了莫大的兴趣，并将毕生的精力都投入到了天文学中。

第谷在天文观测上有天赋且刻苦努力，在天文学上所达到的观测精度，让同时代的人望尘莫及。但尺有所短，寸有所长，第谷手握大量的天体观测数据，却不擅长总结它们的运行规律。

幸运的是，第谷注意到了身为天文学新秀的开普勒，并邀请他一起工作。第谷去世后，开普勒历经10余年，终于运用第谷的观测数据，总结出了行星运动的三大定律，即轨道定律、面积定律和周期定律，开普勒也被后世誉为"天空立法者"。

开普勒的行星运动三大定律彻底推翻了托勒密地心说体系，完善了哥白尼的日心说体系，使日心说变得更加简洁，更加有理有据，让人信服。

万有引力的发现

开普勒清楚地解释与预测了太阳系中天体的运行规律，但他没能总结出这些定律的成因。人们总是不免疑惑：为什么行星运动会有这样的规律？为什么所有行星都围绕太阳转动？

17世纪，牛顿根据前人的理论推导出了万有引力定律及其他理论，发表了《自然哲学的数学原理》。牛顿在这本书中表明，所有有质量的物体都有引力，物体质量越大，距离越近，引力越强。行星围绕太阳运转是由于太阳的质量最大，吸引着其他天体围绕它运转。

引力概念的出现正式为天体运行理论中乱成一团的争论找到了"毛线头"，人们开始顺理成章地接受了行星运动的法则。

傅科摆与地球自转

按照行星运动三大定律以及万有引力定律的理论，日月星辰之所以会东升西落，并不是因为它们在围着我们转，而是因为地球在自转。那么，在无法飞向太空的时代，要如何证明地球在自转呢？

1851年，法国物理学家傅科成功用摆球实验证明了地球的自转，实验中所用到的这种能够证明地球自转的设备就被称为"傅科摆"。

傅科摆是一种单摆，在没有任何干扰的情况下，单摆的振动面在理论上应该保持不变。但事实上，傅科摆的摆动方向会随着时间的推移发生改变；而在不同纬度上，傅科摆的转动周期也并不相同，赤道上摆锤的摆动方向不转动，极点上一天转动一圈。

在许多天文馆中，傅科摆都是馆内最显著的展品。你有机会去北京天文馆或上海天文馆参观时，记得去找找看哦！

行星运动三大定律：

椭圆定律：所有行星绕太阳的轨道都是椭圆，太阳在椭圆的一个焦点上。

面积定律：行星和太阳的连线在相等的时间间隔内扫过的面积相等。

周期定律：太阳系所有行星公转一周的时间的平方与它们轨道半长轴的立方成比例。

第十章

他们成功解锁，进入宝库，拿到了智慧宝石！

他们拿着智慧宝石回到大厅，看到樱桃舰长已经成功地压制了僵尸星球的控制能量，异兽们重新倒地昏迷了。这时，从僵尸星球的飞船喷出一股奇怪的气流，将异兽们全都吸进了飞船。

"僵尸星球的飞船要把这些生物抓回去！"小葡萄惊叫道。

樱桃舰长点点头："嗯，应该没有大碍。僵尸星球的人之前对这些生物进行了特殊的麻痹，后来用精神控制的方式，让它们来太阳系攻击我们的基地。精神控制是僵尸星球的坏蛋最常用的方式，但它们应该不会杀死这些生物。"

在清理战场残局时，小葡萄发现了一只残留的异兽，樱桃舰长过来查看："它刚才被基地的一根柱子卡住，所以没被带走。"

不不想上前戳一戳这只奇异的生物。小葡萄刚才被追怕了，此时躲在樱桃舰长身后，不敢靠近，她问道："它醒来不会伤人吗？"

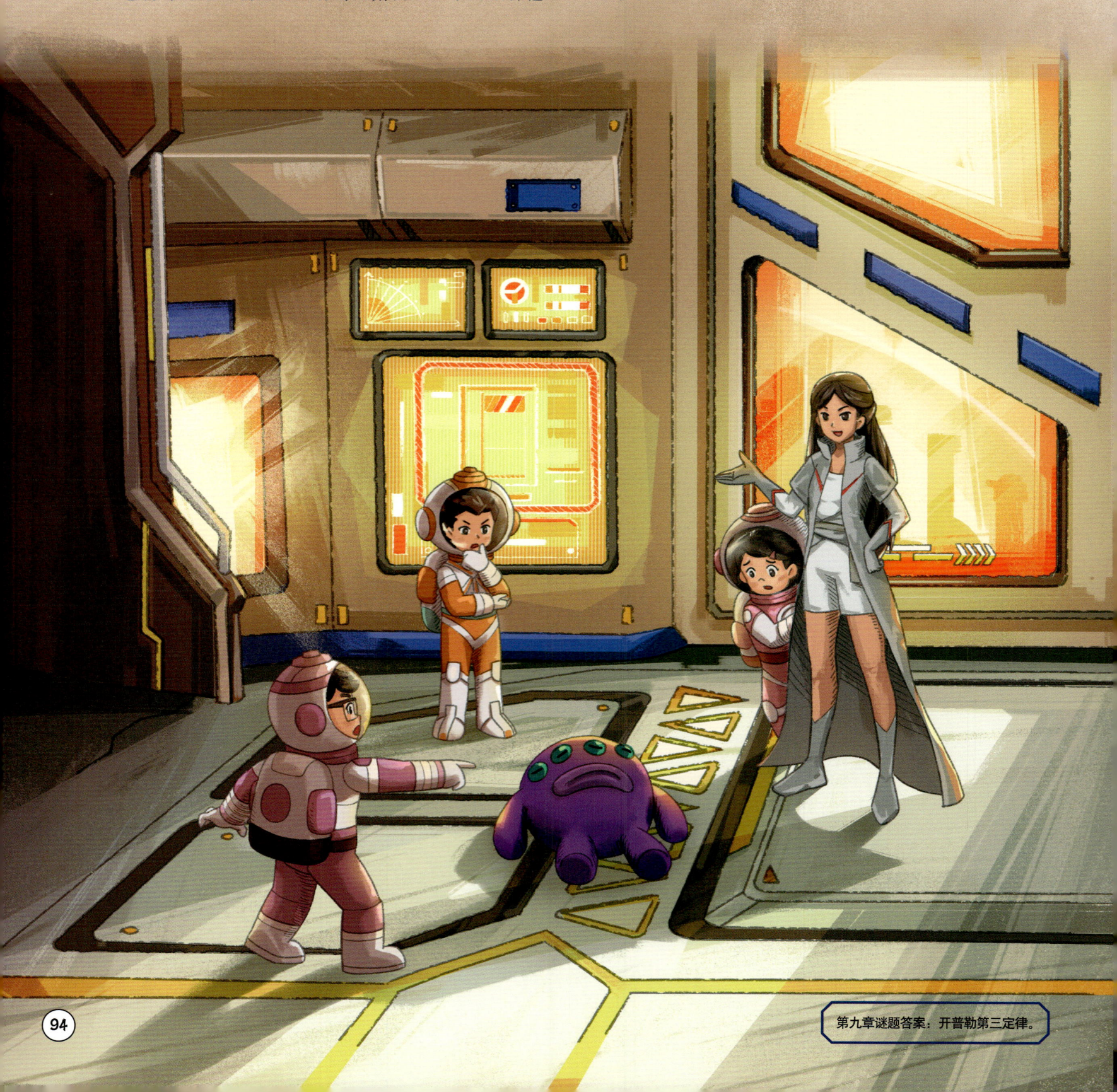

第九章谜题答案：开普勒第三定律。

"不会，"樱桃舰长笑了，"这种生物是吃植物的，本性非常友好，说不定还可以成为人类的朋友。等它醒了，我会安排照顾它。你们可以给它起个名字。"

小葡萄眼珠一转，笑着说："今天是除夕，它又从天而降，不如就叫年兽吧。"

"好主意。"樱桃舰长笑着点了点头。

"除夕！"不不一听这两个字，突然想起了妈妈，一拍脑袋，叫道，"我妈还叫我帮她包饺子呢！"

樱桃舰长说："嗯，时候不早了，你们的任务完成得很好，还是早点儿回家吧。"

小栗子把智慧宝石交给樱桃舰长，问："对了，樱桃舰长，我们之前听说很多辆火星车都失联了，是被僵尸星球的坏蛋破坏了吗？"

"这倒没有。"樱桃舰长微笑着说，"只是僵尸星球的飞船制造了屏蔽的电磁场，让它们的信号没法传输。现在僵尸星球的飞船走了，很快就没事了。"

"那就好！"小栗子开心地挠挠头，"那我们确实该走啦！"

"樱桃舰长，我们这次能不能拿到一枚银河学院的勋章呀？"不不咧着嘴问道。

樱桃舰长意味深长地说："我再给你们最后一个小挑战吧。我送你们每人一架望远镜，你们回家之后试一试，能不能从望远镜里找到太阳系最大的卫星。当你找到的时候，望远镜就会给你解锁一枚勋章，怎么样？"

"太好了！没问题！"不不欢呼雀跃道。

这真是一次令人兴奋的冒险旅程！

不不乘坐闪光号回到地球，又从蓝色光圈里钻出来时，还紧紧地抱着怀里的望远镜。他看看时钟，只过去了一分钟。妈妈刚好推开门进来，埋怨道："说了半天来帮忙，怎么还在这儿坐着！"

不不笑嘻嘻地对妈妈说："妈妈，今晚我要看星星！"

你知道太阳系中最大的天然卫星是哪一颗吗？

答案参见第103页。

如何观测行星？

行星的特殊位置

如果你经常在地球上观测同一颗行星的话，就会发现行星的亮度常会发生变化，这是行星与地球和太阳的位置关系导致的。

每颗行星都有一些特别适合观测的特殊位置：

对于火星、木星、土星这样的外行星（轨道在地球轨道以外的行星）而言，在它们冲日时是最适宜观测的。发生行星冲日时，行星离地球的距离最近，看起来也最亮、最大。太阳西落之后，这颗行星就会从东边的地平面上升起，格外闪亮。

对于水星和金星这样的内行星（轨道在地球轨道以内的行星）而言，最好的观测时间叫作大距。此外，内行星还会发生一种比较特殊的天象，被称为凌日。凌日是指内行星从太阳表面经过，这种天象极为罕见，尤其是金星凌日。根据预测，下一次能看到金星凌日的时间是 2117 年。算一算，你会是那个能看到金星凌日的幸运儿吗？

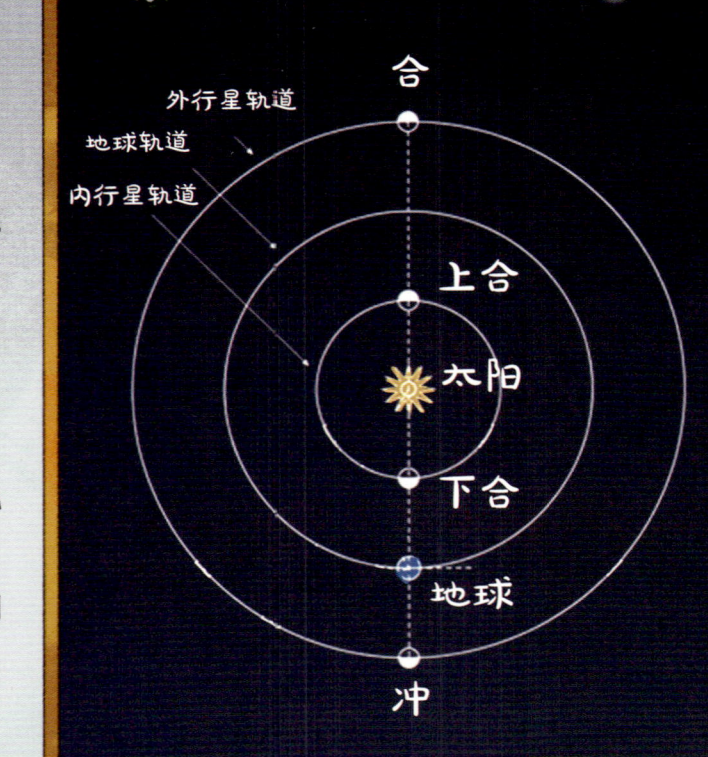

如何辨识行星？

了解到行星的最佳观测时间后，我们还得学会辨识行星。在璀璨的星空之下，如何能一眼辨认出哪颗是行星呢？除了依靠星图软件，我们也可以依据行星的各种特征来辨别。

首先，恒星因为离我们非常遥远，在夜晚看上去就是一个点，所以它们一般会因受到大气扰动等因素的干扰而发生闪烁，也就是"星星眨眼"；而行星离我们相对较近，看起来是个圆面，受到的干扰小，短时间内会保持着相对稳定的亮度，很少"眨眼"。也就是说，当你盯着一颗行星观察时，如果发现它一直在眨眼，那基本可以判断那就是恒星，反之则是行星。

其次，行星会在天空的黄道周围运动，经常穿梭在黄道十二星座之间，与恒星的相对位置会不断发生变化，因此我们也可以通过长时间的观测来辨别一颗星是否为行星。

最后，行星的亮度相对恒星来说一般比较亮，且有各自的特点。比如全天最亮的星星是金星，其次是木星，它们的亮度都比全天最亮的恒星——天狼星亮很多倍，对比其他恒星就更明显了。再比如火星，它"星如其名"，在夜空中呈现出微红色或橙红色的光辉，像夜空中的一簇不闪烁的小火苗。

用望远镜观测行星

相对恒星而言，我们在地球上使用业余望远镜观测行星能获取更多的细节与趣味，但细节的数量达不到像观测月球那样多。如果你能用望远镜成功找到行星，那么一般可以看到行星的圆面，条件好的话还会看到一些较明显的地形地貌，比如土星环、木星大红斑等。

在观测行星时，我们常常先用低倍率目镜配合调整，将行星放置于视场中央，然后使用高倍率的目镜将其放大后观察。如果多人使用同一台望远镜观测，在观察时还需要根据个人的视力情况旋转望远镜的调焦轮，对望远镜进行调焦，如此才能保证最佳的观测效果。

内行星的观测

● 金星 Venus

水星 Mercury

难得一见的"辰星"

　　在肉眼容易见到的几颗行星中，最难观测到的当数水星。据传，天文学家哥白尼一生都没能看见水星。

　　我们在地球上很难用肉眼看到水星，主要是由于水星距离太阳太近，与太阳之间的视角差距很小，最大的角距仅为 28 度左右，所以我们只能在太阳升起前或太阳刚刚落下的约两个小时内，在东方或西方的低处观察到水星。在这两个时间段外，水星的光芒很容易掩没在太阳的光辉中，很难辨别。

　　水星在中国古代也被称为"辰星"，有学者认为，这是因为现在的两个小时在中国古代称为一个时辰，而水星则会在太阳落山后或升起前的一个时辰内消失，所以被称为辰星。

金星的位相特征

　　金星在中国古代有很多名字。比如，当金星于清晨在东方天空中出现时，被称为"启明"；而当金星于日落后在西方天空出现时，则被称为"长庚"或"昏星"。此外，金星由于非常明亮闪耀，光芒呈现白色，在古代也被称为"太白"。在现代，虽然金星的别名逐渐被人们淡忘，但是由于金星在夜空中的亮度仅次于月亮，因此经常会被人误以为是不明飞行物。

伽利略第一次用望远镜观测金星时，发现金星在望远镜里并没有呈现一个完整的圆面，而是像月球一样有相位的变化。伽利略对金星相位的观察与记录也成了哥白尼的日心说的重要证据之一。

从趣味与望远镜观测上来讲，金星最适合观测的时间是金星相位呈现大"新月"形状的时候；而从亮度与肉眼观测上来说，金星最适合观测的时间是它处于"大距"的时候。

27/2/04　17/3/04　22/3/04　27/3/04　3/4/04

13/4/04　1/5/04　7/5/04　11/5/04　16/5/04

19/5/04　25/5/04　30/5/04　8/6/04

内行星适合的观测时间与位置

"大距"是指内行星与太阳的距角达到极大时的位置。从地球向内地行星轨道做切线，两个交点的位置就是"大距"。内行星有两个大距，分别是东大距与西大距。

金星西大距是指金星在太阳的西面，地球上的观测者正处于由夜晚转向白天的时候，适合在黎明时观测。金星东大距是指金星在太阳的东面，观测者正处于白天向夜晚过渡的时候，适合在黄昏时观测。

从实际观测体验上讲，一般更推荐观测金星的东大距现象，这样我们就不需要熬夜或早起，在日落后，惬意地找一个西边没有遮挡的地方即可。

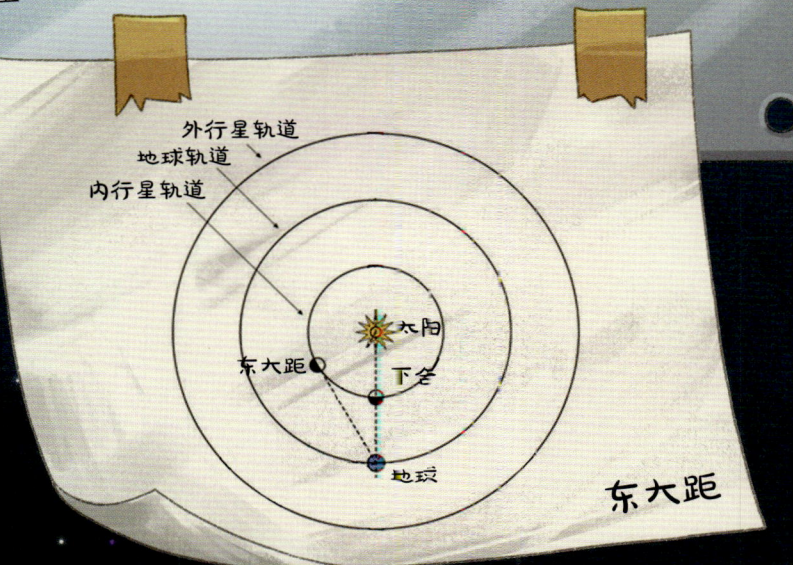

外行星轨道
地球轨道
内行星轨道
太阳
东大距　下合
地球

东大距

外行星的观测

木星与伽利略卫星

在望远镜中观测木星是件较为容易的事,这是因为木星很亮,容易寻找,而且观赏度比较高,容易辨别。

木星在观赏性上主要有两大方面,一个是环绕木星的卫星,另一个是木星本身的纹路。木星有非常多的卫星,其中使用较低倍率的天文望远镜就能看到的有四颗,按距离木星的远近依次被编号为木卫一、木卫二、木卫三和木卫四,英文译名分别叫作伊奥、欧罗巴、甘尼米德和卡利斯多,这四颗卫星合起来也被称作伽利略卫星。其中木卫三是太阳系中最大的天然卫星,它的个头甚至比水星还大,科学家在木卫三上还发现了水的存在。

木星是一颗气态巨行星,且自转速度非常快,因此其表面存在较为明显的云带变化。使用品质较好的望远镜在高倍率下观测木星时,能够清晰看到木星的表面有很多条红棕色的纹理,也就是云带。此外,木星还有一个非常著名的特征,被叫作木星的大红斑。木星的大红斑自1830年开始,已经被人类使用望远镜持续观测了近200年。科学家现在已经基本确定,大红斑是木星上的一个风暴气旋,但其为何呈现红色,目前仍未完全研究透彻。

木星

木卫一（伊奥）

木卫二（欧罗巴）

木卫四（卡利斯多）

木卫三（甘尼米德）

土星的光环

在太阳系的八颗行星中，土星在望远镜中呈现的样子最为特别。它自带一个很大很明亮的圆环，看上去像一顶草帽，也像一只眼睛。

不过，要想观测到土星的光环，需要一台品质较好的天文望远镜。1610 年，伽利略在观测土星时，可能由于其自制的望远镜品质较差，没能完全看清土星环的真实样子，因此没有留下与土星环相关的明确记录。随着望远镜制造技术的进步，1655 年，荷兰天文学家惠更斯有幸成为第一个描述有盘状物环围绕土星的学者。现在，即使业余的天文望远镜也能够拥有非常棒的观测品质，再加上合适的观测条件，我们不光能看到土星环，甚至还有可能在望远镜中分辨出土星环上有一条缝，也就是著名的卡西尼环缝。

天王星与海王星的观测

在离地球很遥远的地方，还有两颗"冰冻"行星，那就是天王星与海王星。

天王星和海王星在整体上都呈蓝色，不过一浅一深，天王星呈现天蓝色，海王星则呈现海蓝色，正好与它们的名字相对应。不过，即便是在高放大倍率的天文望远镜配置下，天王星与海王星仍然非常不起眼，很难将它们与周围的背景恒星区别开，更不用说想看清这两颗行星的细节了。因此，我们通常不建议新手观测天王星与海王星，最好是在专业人员的指导下或者有了一定的观测经验后，再去挑战观测这两颗行星。

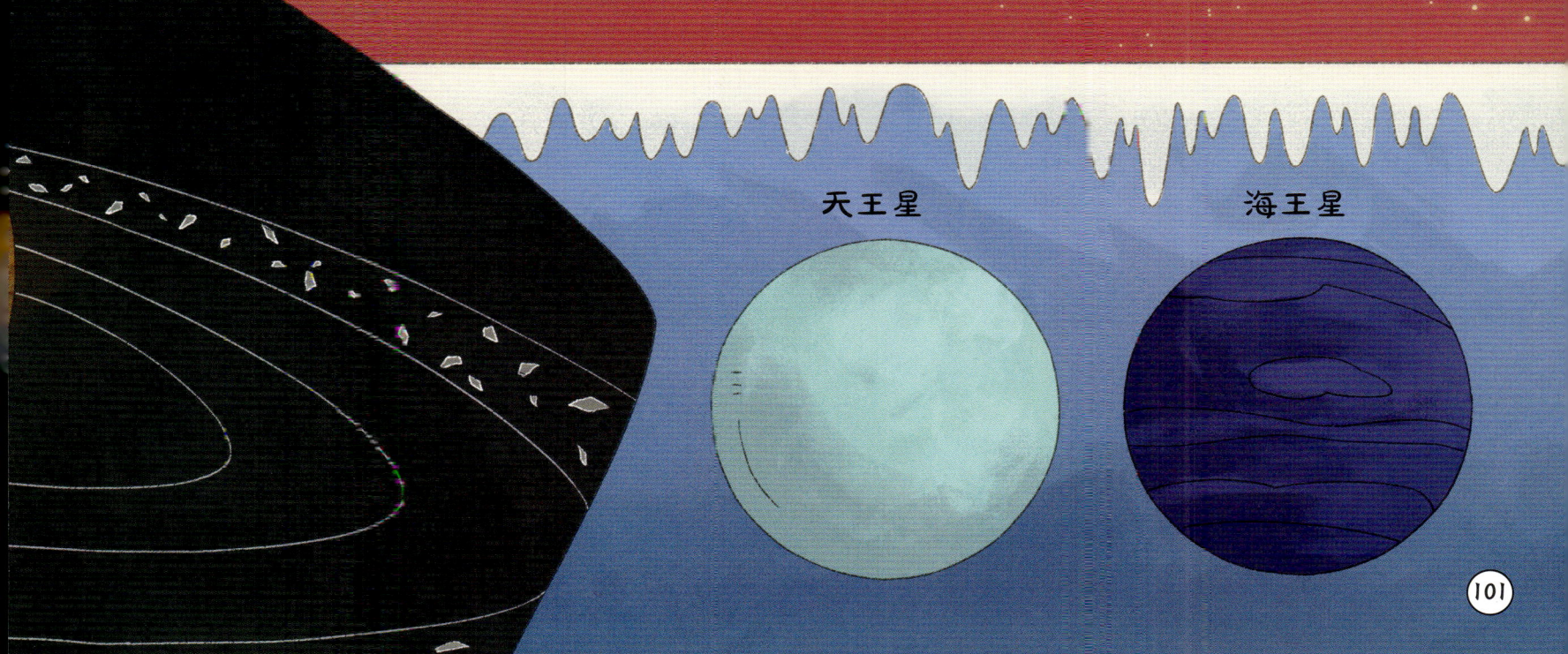

天王星　　　　海王星

火星的观测

最佳时机：冲日与大冲

如果你想在观测火星时有较好的效果，可以在火星冲日时进行观测。发生火星冲日时，火星距离地球近，亮度高，有时甚至比木星还明亮，观测效果好。

火星在冲日前后与地球的距离达到最近，不过最近时并不一定正好在冲日那天，往往会相差一周到两周。此外，火星与地球的运行轨道都是椭圆形的，因此发生火星冲日的时候，火星与地球之间的距离并不是完全一样的，有时候离得相对较远，有时候离得相对较近。

如果发生火星冲日时，火星恰好位于近日点附近，火星与地球二者距离非常近，这种情况被称为火星大冲。一般来说，火星大冲每15年或17年才发生一次。

2003年发生火星大冲时，火星与地球的距离为6万年来的最短。而之后离我们最近的一次火星大冲，则要等到2035年。

当火星发生大冲的天象时，火星会在傍晚时分从东南方向升起，一直到次日黎明，才从西边落下，几乎一整夜都可以观测。此外，发生火星大冲时，由于火星距离地球近，所以火星看起来会比较大，非常适合使用望远镜对其进行观测。

需要特别说明的是，我们在地球上看到的火星大小的变化，大体上来说是一种"近大远小"的透视现象，并不是火星本身会变大变小。

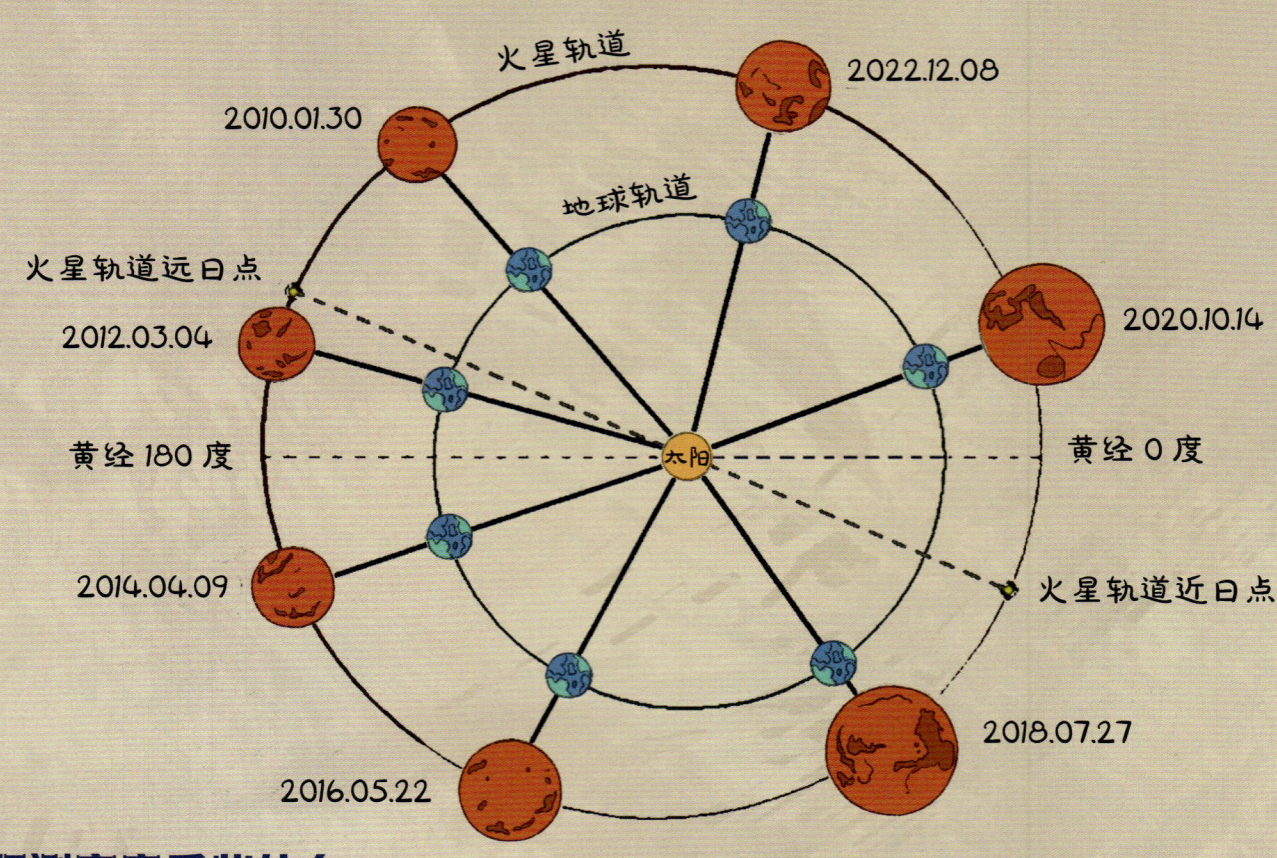

火星观测究竟看些什么

发生火星大冲时，我们往往能使用望远镜看到火星表面的更多细节。比如，使用高倍率的望远镜观测这时的火星，很有可能清晰地看见火星极地处的冰冠。如果再仔细观察，还能看到火星表面并不完全是橙红色，似乎有一些呈现灰黑色的暗区。这些区域之所以呈现灰黑色，主要是受黑色的玄武岩影响，这跟月球上月海的颜色很深的原理类似。

此外，火星大冲时的观测效果也受很多因素影响。比如，发生大冲时，如果火星上正在刮沙尘暴，我们能看到的火星表面细节就可能大大减少。

第十章谜题答案：木卫三（甘尼米德）。

火星的观测与拍摄技巧

我们在使用望远镜对准火星后，可以尽量调高望远镜的放大倍率，调整的尺度可以一直到望远镜内的成像明显受大气抖动影响而无法继续增加倍率为止。然后，找一个稳定且舒服的姿势，比如坐在板凳上，集中关注火星上的一小片区域或一个单独地形，而不是视线移来移去试图观测更多的区域。

拍摄火星最好使用专业的行星摄像头，将火星录成视频后叠加产生清晰的照片。

讲了这么多火星的知识，你一定也想看一眼奇妙的火星吧？那么就行动起来吧！

金星 🪐 的样子：＿＿＿＿＿＿＿＿＿＿

火星 🔴 的样子：＿＿＿＿＿＿＿＿＿＿

木星 🪐 的样子：＿＿＿＿＿＿＿＿＿＿

土星 🪐 的样子：＿＿＿＿＿＿＿＿＿＿

(103)

未经许可，不得以任何方式复制或抄袭本书之部分或全部内容。
版权所有，侵权必究。

图书在版编目（CIP）数据

火星请回答 / 郝景芳著；王大伟，许捷绘.
北京：电子工业出版社, 2025.3. -- ISBN 978-7-121-49604-2
Ⅰ.P185.3-49
中国国家版本馆CIP数据核字第2025L3H324号

责任编辑：赵　妍
印　　刷：合肥华云印务有限责任公司
装　　订：合肥华云印务有限责任公司
出版发行：电子工业出版社
　　　　　北京市海淀区万寿路173信箱　邮编：100036
开　　本：889×1194　1/8　印张：13.5　字数：234.3千字
版　　次：2025年3月第1版
印　　次：2025年3月第1次印刷
定　　价：120.00元

凡所购买电子工业出版社图书有缺损问题，请向购买书店调换。若书店售缺，请与本社发行部联系，联系及邮购电话：（010）88254888, 88258888。
质量投诉请发邮件至zlts@phei.com.cn，盗版侵权举报请发邮件至dbqq@phei.com.cn。
本书咨询联系方式：（010）88254161转1852，zhaoy@phei.com.cn。